国产数控系统应用技术丛书

U0266232

数控系统技术教程

——蓝天数控

主 编 林 浒

副主编 吴文江 艾 斌 张 鹏

华中科技大学出版社

中国·武汉

内 容 简 介

本书以使用蓝天数控系统的车床和铣床(加工中心)的编程与操作为核心内容,介绍了数控车床的编程与操作,刀具的使用及对刀操作,蓝天数控车床系统加工实例,数控铣床(加工中心)的编程与操作及对刀操作,蓝天数控铣床系统加工实例等。

本书列举的实例具有代表性,大都来自生产实际,既有利于提高学生的操作技能,又对数控技术人员有一定的参考价值;既可作为学校的教材,也可供数控技术人员培训使用。

图书在版编目(CIP)数据

数控系统技术教程:蓝天数控/林浒主编. —武汉:华中科技大学出版社,2016.12
(国产数控系统应用技术丛书)
ISBN 978-7-5680-2420-4

Ⅰ.①数… Ⅱ.①林… Ⅲ.①数控机床-数字控制系统-程序设计-教材 ②数控机床-数字控制系统-操作-教材 Ⅳ.①TG659

中国版本图书馆 CIP 数据核字(2016)第 290639 号

数控系统技术教程——蓝天数控 　　　　　　　　　　　　　　林浒　主编
Shukong Xitong Jishu Jiaocheng——Lantian Shukong

策划编辑:万亚军
责任编辑:姚　幸
封面设计:原色设计
责任校对:马燕红
责任监印:周治超
出版发行:华中科技大学出版社(中国·武汉)　　　电话:(027)81321913
　　　　　武汉市东湖新技术开发区华工科技园　　　邮编:430223
录　　排:武汉三月禾文化传播有限公司
印　　刷:武汉科源印刷设计有限公司
开　　本:710mm×1000mm　1/16
印　　张:17
字　　数:357 千字
版　　次:2016 年 12 月第 1 版第 1 次印刷
定　　价:38.00 元

前　言

近年来,高新技术企业以前所未有的速度迅猛发展。随着数控机床在机械加工设备中的占有率逐年提高,配备蓝天数控系统的数控机床在国内应用广泛。但是,我国现代制造业职工队伍的整体素质偏低,高级技工特别是数控操作工严重短缺,因此培养一大批能熟练掌握数控系统操作技术的人才就成了当务之急。

全书共12章。第1章介绍了蓝天数控系统如何选型;第2章讲述了机床加工的坐标理论;第3章为数控系统编程的基础知识;第4章讲述了加工程序的建立;第5章介绍了刀具的正确使用;第6章讲解了机床主轴运动方式和编程要求;第7章讲述了机床进给轴的运动控制方法;第8章讲述了加工坐标的几何设置;第9章列举了编程中G指令的实际应用方法;第10章讲述了固定加工循环功能的应用;第11章讲述了用户宏程序的编写;第12章介绍了蓝天数控系统的基本操作。

本书由沈阳高精数控智能技术股份有限公司的林浒、吴文江、艾斌、张鹏编写。具体编写分工为:林浒担任主编,吴文江、艾斌、张鹏担任副主编。书中部分章节参考了同行作者的有关文献,在此对所列主要参考文献的作者表示衷心感谢。

由于作者水平有限,加之时间仓促,书中难免有疏漏和不妥之处,敬请读者批评指正。

编　者

2016 年 5 月

目　　录

第1章　数控机床概述与数控系统(车/铣)选型

1.1　数控机床简介

目前,数控机床是计算机数字控制机床(computer numerical control machine tools)的简称,是一种装有程序控制系统的自动化机床。该控制系统能够逻辑处理具有控制编码或其他符号指令规定的程序,并将其译码,从而控制机床加工零件。

美国 PARSONS 公司与麻省理工学院伺服机构研究所合作,在 1952 年研制成功第 1 台由专用电子计算机控制的三坐标立式数控铣床。之后经过不断的改善,于1955 年进入实用阶段。

随着科学技术的不断发展,对机械产品的质量和生产率提出了越来越高的要求(对机床的要求越来越高),制造业的全球化竞争日趋激烈。

统计资料表明,在机械制造工业中单件小批量生产占机械加工总量的80%左右。

数控机床(见图 1.1)特别适合加工批量小、零件形状比较复杂、精度要求高的产品。

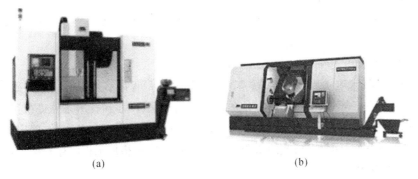

(a)　　　　　　　　　　　　　　　(b)

图 1.1　数控机床

(a) 立式加工中心　(b) 车铣复合加工中心

1. 数控机床的工作过程

1) 编制加工程序

根据被加工零件的图样进行工艺方案的分析与设计,进而编制数控加工程序(需要技术与经验,是最重要的一步)。

2）加工程序的输入

可以用计算机和数控装置的接口直接通信，将编写零件的加工程序输入到数控装置中。

3）预调刀具和夹具

根据零件的工艺方案中所确定的刀具和夹具，在加工之前，对其进行安装与调整。

4）数控装置对加工程序进行译码和运算处理

加工程序处理后变成脉冲信号。

脉冲信号有的送至机床的伺服系统，经传动机构驱动机床的相关部件，完成对零件的切削加工。有的送到可编程控制器，按顺序控制机床的其他辅助部件，完成工件夹紧、松开、冷却液的开闭、刀具的自动更换等动作。

5）加工过程的在线检测

数控装置需要随时检测机床的坐标位置、行程开关的状态等，并与加工程序的要求相比较，以决定下一步工作。

数控机床的工作过程如图1.2所示。

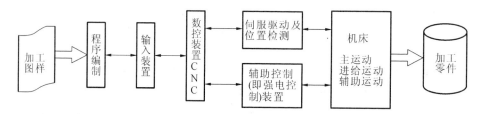

图1.2　数控机床加工的工作流程

2.数控机床的组成

数控机床是典型的机电一体化产品，主要由程序载体、人机交互装置、数控装置、伺服系统和机床本体等五部分组成。

1）程序载体

人与数控机床建立某种联系，联系的中间媒介就是程序载体，如穿孔带、磁带、磁盘等。数控编程的一般过程：首先对零件图上的几何形状、尺寸和技术条件进行工艺分析，在此基础上确定加工顺序和进给路线；确定主运动和进给运动的工艺参数；确定加工过程中的各种辅助操作；用标准格式的指令编制出加工程序，再将加工程序存入程序载体。

2）人机交互装置

要通过人机交互装置对数控系统进行操作和控制。键盘和显示器是数控系统中不可缺少的人机交互设备。

显示器显示机床的运行状态、机床参数及坐标位置等，高档的显示器还具备显示加工轨迹图形的功能。

3）数控装置

数控装置是数控机床中最重要的组成部分，主要由输入/输出接口、控制器、运算器和存储器等组成。

数控装置的功能是通过运算,将加工程序转换成控制数控机床运动的信号和指令,以控制机床的各部件完成加工程序中规定的动作。

4) 伺服系统

伺服系统是由伺服控制电路、功率放大器和伺服电动机组成的数控机床执行机构。其作用是接收数控装置发出的指令信息,经功率放大后,带动机床移动部件做精确定位或按规定轨迹和速度运动。

伺服系统的控制精度和动态响应特性对机床的工作性能、加工精度和加工效率有直接的影响。

5) 机床本体

机床本体是指数控机床用于完成各种切削加工的执行部件。与传统机床相比,数控机床具有传动结构简单、运动部件的运动精度高、结构刚度好、可靠性高、传动效率高等特点。

1.2　数控系统(车/铣)选型

1. 数控产品概述

近年来,基于制造技术与信息技术融合所产生的新需求,在"高档数控机床与基础制造装备"科技重大专项等课题的支持下,沈阳高精数控智能技术股份有限公司解决了开放式网络化体系结构、现场总线、多通道多轴联动、高速高精运动控制等新一代数控系统的核心关键技术,拥有 70 余项专利及软件著作权,主持制定了国内首部具有自主知识产权的《开放式数控系统总线接口与通信协议》国家标准,并获中国专利优秀奖。

基于数控系统研发的核心关键技术,围绕行业转型升级所产生的产品结构调整,沈阳高精数控智能技术股份有限公司研制了系列化的数控产品,形成了覆盖高档、中档、普及型及专用型等多个系列十余种型号的数控产品、机床用机器人控制器,以及面向数字化车间的网络化监控与管理系统等,如:总线式全数字高档数控装置 GJ400、高性能产品 GJ330、标准型产品 GJ301、普及型产品 GJ303、专用型产品 GJ301W、机床用机器人控制器 TRC200。系列化驱动类产品,如:通用伺服 GJS 系列 A 型(200V 级)、通用伺服 GJS 系列 B 型(400V 级)、总线伺服 GJS 系列 A 型(200V 级)、总线伺服 GJS 系列 B 型(400V 级)、高性能通用伺服 GJS200 系列 A 型(200V 级)、高性能总线伺服 GJS100 系列 A 型(200V 级)、通用变频器 GJF100 系列(400V 级)、刀架控制器 LTC 系列产品等。产品获国家级新产品、辽宁省科技进步一等奖、辽宁省优秀新产品一等奖等多项奖励,并在航空航天、汽车制造等行业得到了广泛应用。

2.数控产品命名规则

沈阳高精数控智能技术股份有限公司数控产品命名规则如图1.3所示。

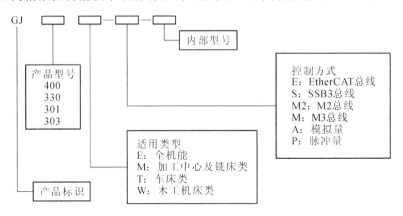

图1.3 沈阳高精数控智能技术股份有限公司数控产品命名规则

3.GJ400数控装置

1)产品介绍

GJ400系列高档数控装置(见图1.4)是在国家科技重大专项支持下,采用多处理器结构研发的新一代总线式、开放式数控装置。GJ400支持8通道,每通道8轴联动,最大64轴控制,最小控制分辨率为1 nm,支持具有自主知识产权的SSB3及M3、EtherCAT等多种总线接口。GJ400具有高速程序预处理、双轴同步控制、样条插补、多通道多轴联动控制、多通道及复合加工控制等功能,满足五轴联动高速加工中心、高速车铣、铣车复合加工中心等配套需求。

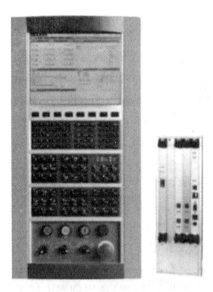

图1.4 GJ400数控装置

2)产品特点

GJ400系列高档数控装置由人机接口单元HMU(human machine unit)和机床控制单元MCU(machine control unit)组成,各单元通过高速现场总线互连,形成高性能分布式处理平台。凭借良好的HMU开放性设计,机床制造商和终端使用客户可按照自己的特殊需求与操作方式,在HMU平台上进行人机界面、操作编程等方面的二次开发,各种图像处理、CAD/CAM软件或工艺功能易于融入数控装置中。

机床控制单元MCU作为数控装置控制核心(NC部分),采用基于Linux的多任务实时操作系统和高可靠性PICMG 2.0 CompactPCI箱式多插槽硬件结构,保证了装置的高可靠性;MCU支持多种CPU(X86、龙芯等),支持SSB3、M3、EtherCAT等多种总线,具有多种传感器接口,其特点如下。

(1) 高速高精加工。

- 最小插补周期 0.125 ms。
- 2000 段的程序预读处理器。
- 7200 段/秒的高速程序预处理能力。
- 小线段高速平滑控制功能。
- 纳米插补功能。
- 柔性加速度与加速平滑控制功能。
- NURBS 插补等多种样条插补方式。

(2) 多通道复合加工控制功能。

- 8 通道及 64 轴和 8 主轴的控制能力,每通道支持 8 轴联动。
- 高精度 C 轴控制。
- 双主轴同步控制,第二主轴攻丝功能。
- 极坐标插补、圆柱面插补。
- 斜轴控制。

(3) 5 轴加工控制功能。

GJ400 系列高档数控装置的 5 轴加工控制功能可实现对精密模具、航空航天及船舶等行业的关键零部件的加工。

- 支持各种 5 轴机床的运动学转换库。
- 倾斜平面加工。
- RTCP 功能。
- 3D 刀具补偿功能。

(4) 总线式全数字通信接口。

支持自主知识产权的 SSB3、M3、EtherCAT 等多种现场总线,可实现与多种总线的驱动装置和 I/O 设备的连接。

- 总线传输速率 100 Mbs。
- 同步误差小于 0.5 μs。

(5) 补偿功能。

GJ400 系列高档数控装置提供多种补偿功能。

- 双向螺距误差补偿。
- 空间几何误差补偿。
- 热变形温度补偿。
- 动态误差补偿。

(6) 网络化通信功能

GJ400 系列高档数控装置具有网络化接口,可支持生产设备的网络化控制,并实现在线数据交换、在线智能故障诊断、远程支持等功能,如图 1.5 所示。

3) 通信示意图(见图 1.5)

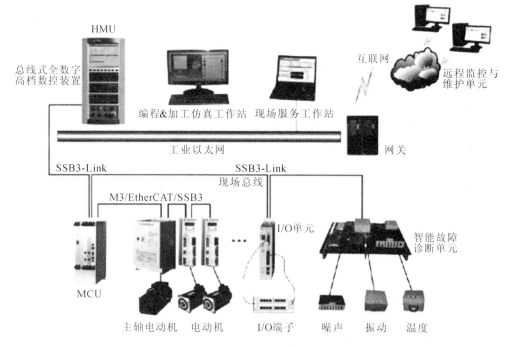

图 1.5　GJ400 网络化通信示意图

图 1.6　GJ330 数控装置

4. GJ330 数控装置

1) 产品介绍

GJ330 数控装置(见图 1.6)是针对高速、高精、高质量加工控制需求研制的高性能高可靠性数控装置,可连接SSB3、M3、M2 总线伺服驱动器。GJ330 采用一体化结构,配置大尺寸彩色液晶显示屏和全功能机床操作面板,具有配置灵活、结构紧凑、易操作等特点,提供高性能机床所需的高轮廓精度以及高动态特性,适用于高精度车削中心、加工中心和复合机床的配套要求。

2) 产品特点

● 支持 5 轴联动。

● 12 英寸彩色液晶显示屏,支持中英文界面显示和故障诊断与报警、加工轨迹图形显示。

● SSB3/M3/M2 总线式及模拟量等多种控制方式直观的操作界面,PC 键盘布局,操作快捷方便。

● 自动对刀仪接口,可自动对刀。

● 图形化的机床电气故障诊断功能。

● 内嵌遵循 IEC 61131-3 标准的高速 PLC。

● 支持梯形图编程,梯形图可在线编辑和离线编辑。

● 具有双向螺距误差补偿、反向间隙补偿、自动零漂补偿、刀具长度及半径补偿功能。

● 采用直线和 S 曲线加减速控制,满足高速,高精加工。

● 多主轴、多通道控制。

● 同步主轴功能。

● 车铣复合加工功能、车铣混合编程。

● 丰富的 NC 与 PLC 数据诊断功能,方便系统调试。

● USB 一键系统升级、参数备份/恢复,远程文件传输及 U 盘程序在线加工。

5. GJ301M 数控装置

1）产品介绍

GJ301M 数控装置(见图 1.7)是基于 PC 平台的高可靠性、高性价比的标准型数控装置,具有模拟、脉冲、总线三种控制方式。GJ301M 基本配置为 4 轴 3 联动,I/O 点数标准配置 48 输入/28 输出,最大可扩展至 208 输入/196 输出。内嵌 PLC 遵循 IEC 61131—3 标准,采用用户熟悉的梯形图编程,具有丰富的 NC-PLC 编程接口及强大的系统调试与监控功能。数控装置采用加减速控制算法、小线段加工控制算法及三次样条插补算法等,可满足高速、高精加工的控制需求。同时,开放式的体系结构为数控装置功能的扩展提供了便利。GJ301M 可广泛应用于各种铣床、加工中心等。

2）产品特点

● 内嵌式工业 CPU 板卡,采用超大规模 FPGA 电路设计,功耗低,可靠性高。

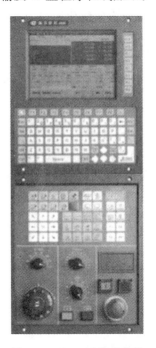

图 1.7　GJ301M 数控装置

● 机械结构紧凑、坚固,散热性好,便于安装维护。

● CNC 面板与操作站采用分体设计。

● SSB3/M3/M2 总线式及模拟量、脉冲等多种控制方式。

● 提供标准的铣床用操作面板。

● 8.4 英寸 TFT 液晶显示屏。

● 集成轴控制接口,本机 I/O 接口、外部 I/O 接口、网络接口和 USB 接口。

● 内嵌遵循 IEC61131—3 标准的高速 PLC。

● 支持梯形图编程,梯形图可在线编辑和离线编辑。

● 直观的操作界面,PC 键盘布局,操作快捷方便。

● 具有双向螺距误差补偿、反向间隙补偿、自动零漂补偿、刀具长度及半径补偿功能。

● 采用直线和 S 曲线加减速控制,满足高速,高精加工。

● 提供多种固定循环功能,包括钻、镗、铰、锪孔及刚性攻丝。

● 支持小线段连续加工模式,提高了加工速度和工件表面质量。

● 支持工件程序后台编辑。

● 支持系统配置文件和 PLC 逻辑文件的本机备份或 USB 备份。

● 集成中英文界面显示。

● USB 一键系统升级功能。

● 具有网络化接口,支持远程控制。

图 1.8　GJ301T 数控装置

6. GJ301T 数控装置

1）产品介绍

GJ301T 数控装置(见图 1.8)是基于 PC 平台的高可靠性、高性价比的标准型数控装置,具有模拟、脉冲、总线三种控制方式。GJ301T 基本配置为 3 轴 2 联动,可选配第四轴;I/O 点数标准配置 48 输入/28 输出,最大可扩展至 208 输入/196 输出。内嵌 PLC 遵循 IEC61131—3 标准,采用用户熟悉的梯形图编程,具有丰富的 NC-PLC 编程接口及强大的系统调试与监控功能,同时开放式的体系结构为系统功能的扩展提供了便利。GJ301T 可广泛应用于各种车床、车削中心等。

2）产品特点

● 内嵌式工业 CPU 板卡,采用超大规模 FPGA 电路设计,功耗低,可靠性高。

● 机械结构紧凑,坚固,散热性好,便于安装维护。

● CNC 面板与操作站采用分体设计。

● SSB3/M3/M2 总线式及模拟量、脉冲等多种控制方式。

● 提供标准的车床用操作面板。

● 8.4 英寸 TFT 液晶显示屏。

● 集成轴控制接口,本机 I/O 接口、外部 I/O 接口、网络接口和 USB 接口。

● 内嵌遵循 IEC61131—3 标准的高速 PLC。

● 支持梯形图编程,梯形图可在线编辑和离线编辑。

● 直观的操作界面,PC 键盘布局,操作快捷方便。

● 具有双向螺距误差补偿、反向间隙补偿、自动零漂补偿、刀具长度及半径补偿功能。

- 采用直线和 S 曲线加减速控制,满足高速,高精加工。
- 提供多种车削循环功能,包括粗、精车、螺纹加工等。
- 主轴换挡、定位、定向及 Cs 轴控制。
- 支持工件程序后台编辑。
- 支持系统配置文件和 PLC 逻辑文件的本机备份或 USB 备份。
- 集成中英文界面显示。
- USB 一键系统升级功能。
- 具有网络化接口,支持远程控制。

7. GJ303 数控装置

1) 产品介绍

GJ303 数控装置(见图 1.9)是基于 PC 平台的开放式普及型车床数控装置,集成一体化操作面板,内嵌全功能 PLC,具有模拟、脉冲、总线三种控制方式,基本配置为 3 轴 2 联动。GJ303 数控装置性价比高,可广泛应用于各种车床。

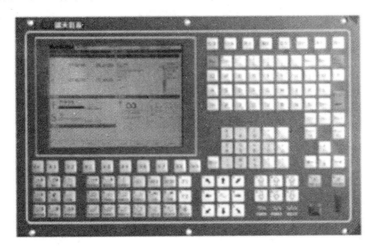

图 1.9 GJ303 数控装置

2) 产品特点

- 8.0 英寸 800×600 高清屏,二维刀具轨迹显示。
- 48 输入/28 输出,可扩展 208 输入/196 输出。
- 内嵌式高速软 PLC,梯形图在线/离线编程,PLC 实时监控。
- 直观的操作界面,PC 键盘布局,操作快捷方便。
- 集成一体化操作面板,48 个功能键。
- 采用直线和 S 曲线加减速控制,满足高速,高精加工。
- 提供多种车削循环功能,包括粗、精车、螺纹加工等。
- 具有双向螺距误差补偿、反向间隙补偿、自动零漂补偿、刀具长度及半径补偿功能。

- 主轴换挡、定位、定向及 Cs 轴控制。
- 用户原点手动对刀，对刀仪自动对刀，提供友好的图形化界面。
- 中英文界面显示。
- 一键式系统升级、参数备份/恢复，远程文件传输。
- 可选附加面板。

第2章 几何原理与基础

2.1 数控机床的位置

2.1.1 工件坐标系

为了使数控机床可以按照加工程序给定的位置加工,这些参数必须在一基准系统中给定,而该系统可以被传送给机床轴的运动方向。为此可以使用 X、Y 和 Z 为坐标轴的坐标系。根据 DIN66217 标准,机床中使用右旋、直角(笛卡儿)坐标系,如图 2.1 所示。

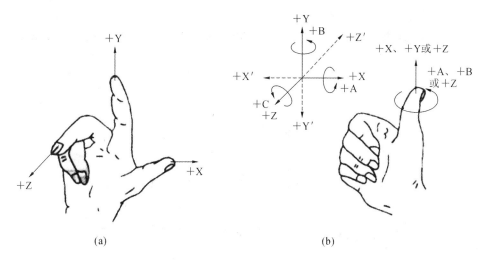

(a)   (b)

图 2.1 右手直角笛卡儿坐标系和右手螺旋定则

(a) X、Y、Z——右手直角笛卡儿坐标系 (b) A、B、C——右手螺旋定则

标准坐标系:直角坐标系 X、Y、Z

旋转坐标系 A、B、C

工件零点(W)是工件坐标系的起始点,如图 2.2、图 2.3 所示。

有些情况下必须使用反方向位置的参数。因此在零点左边的位置就具有负号"—"。

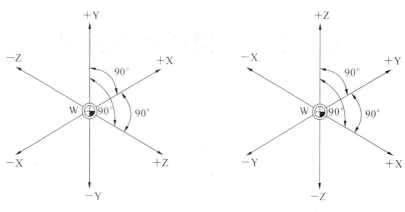

图 2.2　用于车削的工件坐标系　　　　　图 2.3　用于铣削的工件坐标系

2.1.2　直角坐标系

在坐标系中给定轴的尺寸,借此可以对坐标系中的每个点及每个工件位置通过方向(X、Y 和 Z)和 3 个数值进行确切定义。工件零点值始终为 X0、Y0 和 Z0。

1.直角坐标形式的位置数据

为了简化起见,我们在图 2.4 中仅采用坐标系的 XY 平面,点的位置如表 2.1 所示。

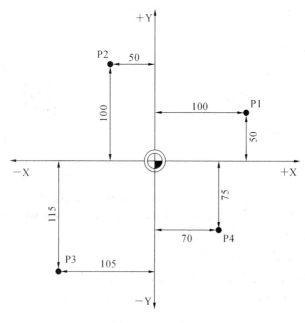

图 2.4　XY 平面

表 2.1 点 P1 至 P4 的坐标值

位 置	坐 标 值
P1	X100 Y50
P2	X−50 Y100
P3	X−105 Y−155
P4	X70 Y−75

2.示例

【例 2.1】 车削时的工件位置。

在车床中仅一个平面就可以定义工件轮廓,如图 2.5 所示。

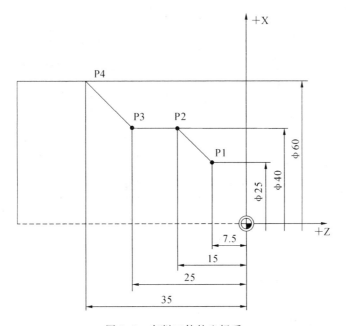

图 2.5 车削工件的坐标系

表 2.2 中描述了这些点的位置。

表 2.2 点 P1 至 P4 的坐标值

位 置	坐 标 值
P1	X25 Z−7.5
P2	X40 Z−15
P3	X40 Z−25
P4	X60 Z−35

【例 2.2】 铣削时的工件位置。

在铣削加工时也必须定义进给深度,即必须为第 3 个坐标(在该例中为 Z)分配数值,如图 2.6 所示。

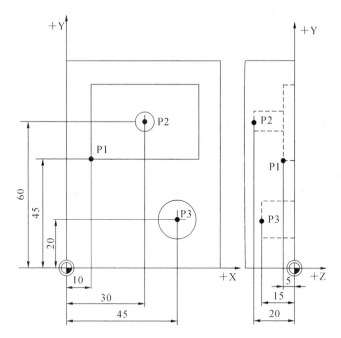

图 2.6　铣削工件的坐标系

表 2.3 中描述了这些点的位置。

表 2.3　点 P1 至 P3 的坐标值

位　　　置	坐　标　值
P1	X10　Y45　Z−5
P2	X30　Y60　Z−20
P3	X45　Y20　Z−15

2.1.3　极坐标

在定义工件位置时,还可以使用极坐标来代替直角坐标。如果一个工件或工件中的一部分是用半径和角度标注尺寸的,则使用极坐标表示就非常方便。标注尺寸的原点就是"极点"。

1.极坐标形式的位置数据

极坐标的表示由"极坐标半径"值和"极坐标角度"值共同组成。

极坐标半径值指极点与点的位置之间的距离。

极坐标角度值指极坐标半径与工作平面水平轴之间的角度。负的极坐标角度为逆时针方向,正的极坐标角度为顺时针方向。

2.示例

【例 2.3】　用极坐标表示方法表示图 2.7 中点的位置。

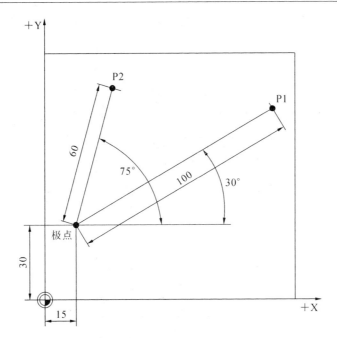

图 2.7　极坐标表示

点的极坐标值见表 2.4。

表 2.4　点 P1 和 P2 的极坐标值

位　　置	极　坐　标
P1	极半径＝100,极角＝30°
P2	极半径＝60,极角＝75°

2.1.4　绝对尺寸

1.绝对尺寸中的位置数据

使用绝对尺寸,所有位置参数均以当前有效的工件零点为基准。

考虑刀具的运动,绝对尺寸数据用于说明刀具应当驶向的位置。

2.示例

【例 2.4】　车削。图 2.8 所示为车削工件的轮廓点,用绝对尺寸表示。

表 2.5 列出了这些点的坐标值。

表 2.5　在绝对尺寸中,点 P1 至 P4 的坐标值

位　　置	绝对尺寸中的位置数据
P1	X25　Z−7.5
P2	X40　Z−15
P3	X40　Z−25
P4	X60　Z−35

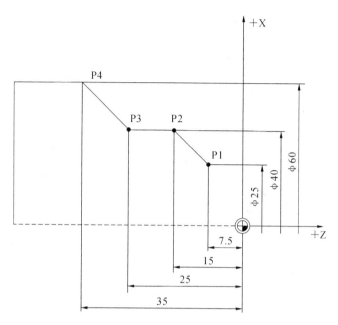

图 2.8　车削工件的绝对尺寸

【例 2.5】　铣削。图 2.9 所示为铣削工件的轮廓点,用绝对尺寸表示。

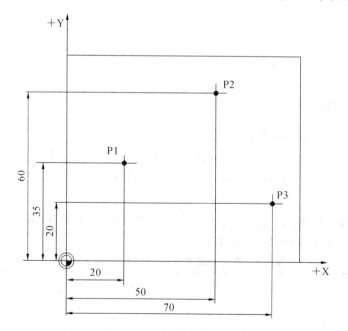

图 2.9　铣削工件的绝对尺寸

表 2.6 中列出了这些点的坐标值。

表 2.6 在绝对尺寸中,点 P1 至 P3 的坐标值

位　　置	绝对尺寸中的位置数据
P1	X20　Y35
P2	X50　Y60
P3	X70　Y20

2.1.5 增量尺寸

1. 增量尺寸中的位置数据(增量尺寸)

在加工图样中,其尺寸不是以零点为基准,而是以另外一个工件点为基准(见图 2.10、图 2.11)。为了避免不必要的尺寸换算,可以使用相对尺寸(增量尺寸)数据。在这类尺寸系统中,位置数据以前一个点为基准。

从刀具运动的角度来看,相对尺寸是刀具将要运行的距离。

2. 示例

【例 2.6】 车削。图 2.10 所示为车削工件的轮廓点,用增量尺寸表示。

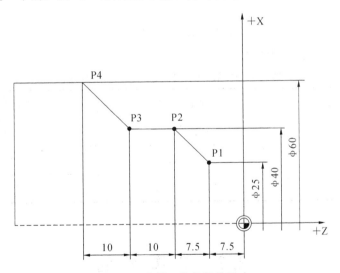

图 2.10 车削工件的增量尺寸

表 2.7 列出了这些点的坐标值。

表 2.7 在增量尺寸中,点 P2 至 P4 的坐标值

位　　置	增量尺寸中的位置数据	该位置数据相对点
P2	X15　Z-7.5	P1
P3	Z-10	P2
P4	X20　Z-10	P3

【**例 2.7**】　铣削。在增量尺寸中，铣削工件的点 P1 至 P3 的位置如图 2.11 所示。

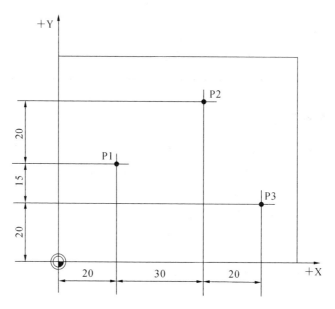

图 2.11　铣削工件的增量尺寸

表 2.8 列出了这些点的坐标值。

表 2.8　在增量尺寸中，点 P1 至 P3 的坐标值

位　　置	增量尺寸中的位置数据	该位置数据相对点
P1	X20　Y30	零点
P2	X30　Y20	P1
P3	X20　Y−35	P2

2.2　工作平面

　　数控加工程序必须包含指定加工工件所在平面的信息。只有这样，数控装置才能在处理加工程序时正确计算刀具补偿值。此外，在特定类型的圆弧编程和极坐标系中，工作平面的数据同样很重要。每两个坐标轴就可以确定一个工作平面。而第三个坐标轴垂直于该平面并确定刀具进给方向（如用于 2D 加工）。

　　1.车削/铣削时的工作平面

　　如图 2.12、图 2.13 所示，分别为车削工件、铣削工件的工作平面。

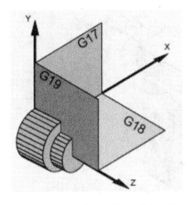

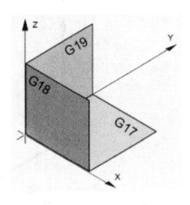

图 2.12 车削工件的工作平面 　　　　图 2.13 铣削工件的工作平面

2. 工作平面的指定

在数控加工程序中使用 G17、G18 和 G19 指令对工作平面进行指定,如表 2.9 所示。

表 2.9 指定工作平面

G 指令	工作平面	进刀方向	横坐标	纵坐标	垂直坐标
G17	XY	Z	X	Y	Z
G18	ZX	Y	Z	X	Y
G19	YZ	X	Y	Z	X

2.3 坐 标 系

在数控加工中,坐标系分为以下几类。
- 机床坐标系,使用机床零点 M。
- 基准坐标系。
- 基准零点坐标系。
- 可设定的零点坐标系。
- 工件坐标系,使用工件零点 W。

1. 机床坐标系

机床坐标系由所有实际存在的机床轴构成。

在机床坐标系中定义参考点、刀具点和托盘更换点(机床固定点),如图 2.14 所示。

如果直接在机床坐标系中编程(在一些 G 指令中是可以的),则机床的物理轴可以直接使用。可能出现的工件夹紧在此不予考虑。

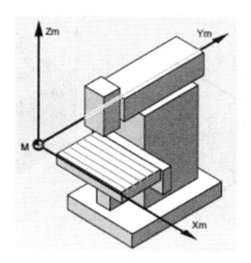

图 2.14　机床坐标系

说明：机床上用作加工基准的特定点称为机床零点。机床制造厂对每台机床设置机床零点。

用机床零点作为原点设置的坐标系称为机床坐标系。

在数控机床通电之后，执行手动返回参考点操作可设置机床坐标系。机床坐标系一旦设定就保持不变，直到数控机床电源关掉为止。

2. 三指规则

坐标系与机床的相互关系取决于机床的类型。轴方向由所谓的右手"三指规则"（符合 DIN66217）确定。

站到机床面前，伸出右手，中指与主轴进刀的方向相对。然后可以得到坐标系，如图 2.15 所示。

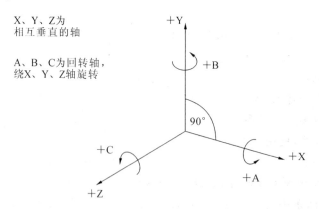

X、Y、Z为
相互垂直的轴

A、B、C为回转轴，
绕X、Y、Z轴旋转

图 2.15　"三指规则"示意图

3. 在不同类型机床中的坐标系

由"三指规则"所确定的坐标系，在不同类型的机床中可以进行不同的设置，如图 2.16 所示。

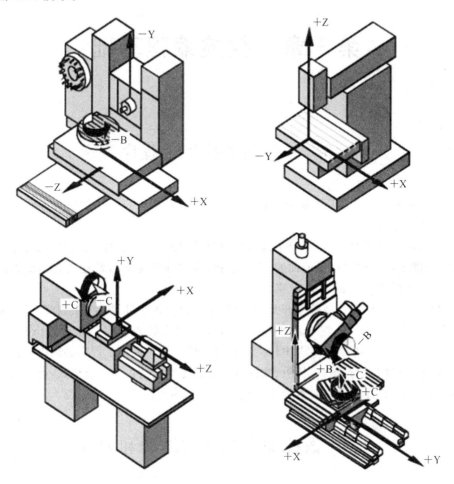

图 2.16   不同类型机床中的机床坐标系

第3章　数控编程基础

3.1　命名数控加工程序

每个数控加工程序(也称 NC 程序)有一个名称(标识符),在创建程序时可以按照下列规则选择名称。

名称的长度不要超过 15 个字符,因为在数控装置界面中的打开程序的程序名显示区,只能显示程序名称最前面的 15 个字符(含程序后缀名),数控装置编辑界面程序名显示区最多只能显示 20 个字符。

程序名只能以字母或数字开头,程序名中可以包含字母、数字、下划线"_"及横线"—",必须以字母开头,区分大小写。在数控装置端编辑程序会默认".prg"".nc"".NC"".cnc"".CNC"".ptp"".PTP"结尾,在 PC 上编辑的加工程序必须以".prg"结尾。加工程序的运行、编辑、拷贝、删除等其他操作均支持以上所有格式,而不符合命名规则的加工程序将不能被数控装置创建或被文件列表显示。

3.2　数控加工程序的结构和内容

3.2.1　程序段和程序段组成

1.程序段

NC 程序由一系列 NC 程序段构成,每个 NC 程序段都包含了执行一个加工工步的数据。

2.程序段的组成部分

NC 程序段由下列部分组成。

(1) 符合 DIN66025 的指令(语句指令)。

(2) NC 标准语言。

1) 符合 DIN66025 的指令

符合 DIN66025 的指令由一个地址符和一个数字或一串数字组成,它们表示一个算术值。

（1）地址符（地址）。

地址符（通常为一个字母）用来定义指令的含义。

如：

G 表示 G 指令（准备功能）；

X 用于 X 轴的行程信息；

S 指定主轴转速。

（2）数字顺序。

数字串表示赋给该地址符的值。数字串可以包含一个符号和小数点，符号位于地址字母和数字串之间。正号（＋）和后续的零（0）可以省去，如表 3.1 所示。

表 3.1　程序段的组成

地址	数字顺序	地址	数字顺序	地址	数字顺序	地址	数字顺序	地址	数字顺序
G 54		X 0		Y －10		M 3		S 2000	
程序段									

2）NC 标准语言

由于 DIN66025 所规定的指令程序段已经无法应对现代数控机床上的复杂加工过程编程，因此又添加了 NC 标准语言指令。其中包括以下内容。

（1）NC 标准语言指令。

与符合 DIN66025 标准的指令不同，NC 高级语言指令由多个地址符构成，如：

——WHILE 用于条件循环；

——IF 用于条件转移；

——GOTO 用于无条件转移。

（2）标识符（定义的名称）用于：

——系统变量；

——用户定义变量；

——子程序；

——关键字；

——跳转标记；

——宏。

（3）关系运算符包括：

——逻辑运算符；

——运算功能；

——控制结构。

（4）程序结束。

最后一个程序段包含一个特殊字，表明程序段结束：M2 或 M30。

3.2.2　程序段规则

1.程序段开始

NC 程序段可以在程序段开始处使用程序段号进行标记。程序段号由一个字符"N"和一个正整数构成,如

N10…

N20…

N30…

N40…

程序段号的顺序可以任意。推荐使用升序的程序段号。

2.指令的顺序

为了使程序段结构清晰明了,程序段中的指令地址应按如下顺序排列。

N…G…X…Y…Z…F…S…T…D…M…N…

表 3.2 中列出了指令地址的含义。

表 3.2　程序段中指令地址的含义

地　　址	含　　义
N	程序段地址号
G	位移条件
X、Y、Z	位移信息
F	进给速度
S	主轴转速
T	刀具
D	刀具半径补偿
H	刀具长度补偿
M	辅助功能

3.2.3　赋值

赋值是指将一个数据赋予一个变量。例如:♯1＝0,则表示♯1的值是 0。其中♯1代表变量,"♯"是变量符号(注意:根据数控装置的不同,它的表示方式可能也不同),0 就是变量♯1的值。这里的"＝"就是赋值符号,起到语句定义作用。

赋值的规律如下。

(1)赋值符号"＝"两边的内容不能随意互换,左边只能是变量,右边可以是表达式、数值或变量。

(2)一条赋值语句只能给一个变量赋值。

（3）可以多次给一个变量赋值，新变量值将取代原有变量值（即最后赋的值生效）。

（4）赋值语句具有运算功能，它的一般形式为

变量＝表达式

在赋值运算中，表达式可以是变量自身与其他数据的运算结果，例如：♯1＝♯1＋1，则表示♯1的值为♯1＋1，这一点与数学运算有所不同。

需要强调的是："♯1＝♯1＋1"形式的表达式可以说是宏程序运行的"原动力"，任何宏程序几乎都离不开这种类型的赋值运算。而它与人们头脑中的数学上的等式概念严重偏离，因此对于初学者往往造成很大的困扰，但是如果对计算机高级语言有一定了解的话，对此应该更容易理解。

（5）赋值表达式的运算顺序与数学运算顺序相同。

示例：

X10 表示给地址 X 赋值（10），不要求写"＝"符号；

X＝10＊（5＋SIN（37.5）），通过表达式进行赋值，要求使用符号"＝"。

3.2.4　注释

为了使 NC 程序更容易理解，可以为 NC 程序段加上注释。

注释放在程序段的结束处，并且用小括号括起。

程序段后可使用两个小括号进行标注。

如

N10 G54 X0 Y0 S5000 M3　　　　　（解释：G54 零点在工件中心或某个点）

又如

N10　　　　　　　　　　　　　　　（公司，任务号）

N20　　　　　　　　　　　　　　　（程序编写者）（程序加工时间）

N30　　　　　　　　　　　　　　　（工件使用刀具信息）

3.2.5　程序段的跳转

每次程序运行时不需执行的 NC 程序段（如驶入程序），可以进行跳转。在程序段号之前用符号"/"（斜线）标记要跳转的程序段，也可以几个程序段连续跳过。跳过的程序段中的指令不执行，程序从其后的程序段继续执行。

如

N10…　　　　　　　　　　　　　　（执行）

/N20…　　　　　　　　　　　　　 （跳过）

N30…　　　　　　　　　　　　　　（执行）

/N40…　　　　　　　　　　　　　 （跳过）

N50…　　　　　　　　　　　　　　（执行）

3.3 变　　量

加工程序可以直接用数值指定 G 指令和移动距离,例如 G01 和 X100,也可以用变量指定。当使用变量时,变量值可通过程序赋值或用户界面改变,如

♯2＝50

♯1＝[♯2＋50]

G1 X♯1 F200

1. 表达式和二元运算符

表达式是由方括号和字符串组成。在方括号内,有数值、程序参数、数学运算符和其他表达式。表达式应可求,值为一个数值。程序行中的表达式将在执行任何操作之前被求值。表达式的一个例子为

[1＋cos[0]−[♯3 ∗ [8/2]]]

二元运算符只能出现在表达式中。下面介绍高精数控装置中定义的二元运算符。

- 四个基本数学运算:加(＋)、减(−)、乘(∗)、除(/)。
- 逻辑比较运算:小于(LT)、等于(EQ)、不等于(NE)、小于或等于(LE)、大于或等于(GE)、大于(GT)。
- 三个逻辑运算:或(OR)、异或(XOR)、与(AND)。
- 取模(求余数)(MOD),幂乘(∗ ∗)。

二元运算符分为 5 组。

- 第 1 组:幂乘。
- 第 2 组:乘、除、取模。
- 第 3 组:加、减。
- 第 4 组:逻辑比较运算。
- 第 5 组:逻辑或、逻辑与、逻辑异或。

在表达式中,第 1 组优先级最高,依次是第 2 组、第 3 组、第 4 组,第 5 组优先级最低,同组的运算顺序是从左到右。逻辑运算符和取模运算符也可以对实数运算,不限于整数。数值"0"等价于逻辑非,非"0"的数值等价于逻辑真。

2. 一元函数

一元函数包括:

- ABS(绝对值);
- ACOS(反余弦);
- ASIN(反正弦);
- ATAN(反正切);

- COS(余弦);
- EXP(e 的幂);
- FIX(下取整);
- FUP(上取整);
- LN(自然对数);
- ROUND(最近取整);
- SIN(正弦);
- SQRT(平方根);
- TAN(正切)。

以角度作为参数的函数,其单位为"°"(圆周为 360°),反三角函数返回的也是角度。FIX 取整,结果是实数轴上左边最近的整数,例如,FIX[2.8]＝2、FIX[−2.8]＝−3;FUP 取整则相反,结果为实数轴上右边最近的整数。

3.3.1　程序变量

1. 变量的引用

要在程序中使用变量,指定"♯"后跟变量号的地址。当用表达式指定变量时,要把表达式放在括号中,如

G01X[♯1＋♯2]F♯3

改变引用变量值的符号,要把负号"−"放在前面,如

G00X− ♯100

当引用未定义的变量时,变量及地址都被忽略,如

♯11＝0

♯22＝

G00 X♯11 Y♯22

执行后的编程值为 X0。

2. 变量的表示

计算机允许使用变量名,用户宏程序则不行,变量使用变量符号"♯"后跟变量号的地址,如

♯11

表达式可以用于指定的变量号,这时表达式必须要封闭在括号中,如

示例:♯[♯1＋♯2−123]

注意:从这个示例可以看出,所谓"变量值等于 0"与"变量值为空"是两个概念,可以这样理解:"变量值为 0"相当于"变量值等于 0",而"变量值为空"意味着"该变量所对应的地址不存在,不生效"。

3. 变量的类型

变量从功能上主要可归纳为两类四种(见表 3.3)。

系统变量(系统占用部分)用于系统内部运行时的各种数据存储。

用户变量包括局部变量和公共变量,用户可单独使用。还有空变量,该变量总是空。

表 3.3　变量的类型及功能

变 量 号	变量类型	功　　能
#0	空变量	该变量总是空,没有值能赋给该变量
#1～#33	局部变量	局部变量在宏程序中被局部使用的变量,用于自变量的传递。复位或断电时,局部变量被初始化为空,调用宏程序时自变量对局部变量赋值
#100～#199 #500～#999	公共变量	公共变量在所有的程序中意义相同。断电时,变量#100～#199初始化为空值。变量#500～#999的数据保存,即使断电也不丢失
#1000～	系统变量	系统变量用于读和写数控装置运行时各种数据的变化,例如刀具的当前位置和补偿值

4.系统变量

系统变量用于读和写数控装置内部数据,如模态信息和当前位置数据,但是某些系统变量只能读。系统变量是自动控制和通用加工程序开发的基础。

1) 接口信号

接口信号是 PLC 和数控装置之间交换的信号(见表3.4)。

表 3.4　接口信号的系统变量表

变 量 号	功　　能
#3000～#3015 #3032	把 16 位信号从 PLC 送到系统变量#3000 至#3015,用于按位读取信号变量,对应信号:G36.0—G37.7 #3032 用于一次读取一个 16 位信号
#3100～#3115 #3132	把 16 位信号从系统变量#3100 至#3115 送到 PLC 中,用于按位写信号变量,对应信号:F25.0—F26.7 #3132 用于一次写一个 16 位信号
#3133	变量#3133 用于从用户宏程序一次写一个 32 位的信号到 PLC。对应信号:F27—F32 注意#3133 的值为从－99999999 至＋99999999

2) 参考点和工件零点偏移值

工件零点偏移值可以读和写(见表3.5)。

表 3.5　工件零点偏移值

变 量 号	功 能	备 注
♯1001 ⋮ ♯1006	第 1 轴 G28 参考点值 ⋮ 第 6 轴 G28 参考点值	
♯1011 ⋮ ♯1016	第 1 轴 G30 参考点值 ⋮ 第 6 轴 G30 参考点值	
♯1021 ⋮ ♯1026	第 1 轴 G92 参考点值 ⋮ 第 6 轴 G92 参考点值	
♯1100	默认坐标系	1～6
♯1101 ⋮ ♯1106	第 1 轴 G54 工件零点偏移值 ⋮ 第 6 轴 G54 工件零点偏移值	
♯1111 ⋮ ♯1116	第 1 轴 G55 工件零点偏移值 ⋮ 第 6 轴 G55 工件零点偏移值	
♯1121 ⋮ ♯1126	第 1 轴 G56 工件零点偏移值 ⋮ 第 6 轴 G56 工件零点偏移值	
♯1131 ⋮ ♯1136	第 1 轴 G57 工件零点偏移值 ⋮ 第 6 轴 G57 工件零点偏移值	
♯1141 ⋮ ♯1146	第 1 轴 G58 工件零点偏移值 ⋮ 第 6 轴 G58 工件零点偏移值	
♯1151 ⋮ ♯1156	第 1 轴 G59 工件零点偏移值 ⋮ 第 6 轴 G59 工件零点偏移值	
♯2001 ♯2006	第 1 轴扩展工件零点偏移值(G54P1) ⋮ 第 6 轴扩展工件零点偏移值(G54P1)	
♯2011 ⋮ ♯2016	第 1 轴扩展工件零点偏移值(G54P2) ⋮ 第 6 轴扩展工件零点偏移值(G54P2)	
⋮	⋮	⋮
♯2471 ⋮ ♯2476	第 1 轴扩展工件零点偏移值(G54P48) ⋮ 第 6 轴扩展工件零点偏移值(G54P48)	

3) 刀具偏置

刀具偏置值见表3.6。

表 3.6　刀具偏置值

变　量　号	功　　能
♯3201～♯3299	刀具长度几何补偿（X 方向）
♯3301～♯3399	刀具长度磨耗补偿（X 方向）
♯3601～♯3699	半径几何补偿
♯3701～♯3799	半径磨耗补偿

在数控装置中，刀具补偿分为几何补偿和磨耗补偿，而且长度补偿和半径补偿也要分开。刀具补偿号可达 99 个，换句话说：理论上数控装置支持 99 把刀具。

例如，加工一个工件时，需使用的是刀库中的 10 号刀具，该刀具直径为 φ10 mm 的主铣刀，这时我们可以通过在程序中直接给定刀具半径补偿（D）值，即♯3610＝5。当使用刀具半径补偿 G41/42 调用 D10 时，在此即是 φ10 mm 的立铣刀。

示例：

♯3610＝5　　　　　　　（将 10 号刀具的半径设定为 5）

⋮

G41 D10 G01 X…　　　　（使用刀具半径补偿，调用 10 号刀具）

4) 模态信息

可以读取系统的 G/M 等指令的模态信息，属性为只读（见表 3.7）。

表 3.7　模态信息表

变　量　号	功　　能
♯4001	G 指令分组 1 (G0/G1/G2/G3/G33/G34/G70～G73/G76～G79)
♯4002	G 指令分组 0(G4/G9/G10/G27/G28/G29/G30/G31/G52/G53/G65/G92/G92.1/G92.2/G92.3)
♯4003	G 指令分组 2 (G17/G18/G19)
♯4004	G 指令分组 7 (G40/G41/G42)
♯4005	G 指令分组 6 (G20/G21)
♯4006	G 指令分组 3 (G90/G91)
♯4007	G 指令分组 5 (G93/G94/G95)
♯4008	G 指令分组 12 (G54～G59)
♯4009	G 指令分组 8 (G43/G49/G43.4)
♯4011	G 指令分组 13 (G61/G61.1/G64)

续表

变　量　号	功　　能
♯4012	G 指令分组 4（G22/G23）
♯4013	G 指令分组 17（G15/G16）
♯4014	G 指令分组 11（G50/G51）
♯4015	M 指令分组 4〈M0/M1/M2/M30/M60〉
♯4016	M 指令分组 7〈M6〉
♯4017	M 指令分组 6〈M3/M4/M5〉
♯4018	M 指令分组 8〈M7/M9〉
♯4019	M 指令分组 8〈M8/M9〉
♯4020	M 指令分组 9〈M48/M49〉
♯4022	F 指令
♯4023	S 指令
♯4024	T 指令
♯4025	D 指令
♯4026	H 指令
♯4051	G 指令分组 9（G38/G39）
♯4052	G 指令分组 18（G12.1/G13.1）
♯4053	G 指令分组 10（G98/G99）
♯4054	G 指令分组 20（G80/G81～G89）

5）当前位置信息

位置信息不能写，只能读。当前位置信息见表 3.8。

表 3.8　当前位置信息

变　量　号	位　置　信　号	坐　标　系	运动时的读操作
♯5001～♯5006	程序段终点	工件坐标系	可以
♯5021～♯5026	当前位置	工件坐标系	不可以
♯5041～♯5046	当前位置	机床坐标系	不可以
♯5051～♯5053	实际反馈位置	机床坐标系	不可以
♯5061～♯5066	跳转信号位置	工件坐标系	可以

在数控装置中，可以通过外部信号设备设置与当前位置变量的配合来设置加工程序中所用的工件坐标系（见表 3.8）。设机床工作台上任意一点为加工工件参考

点,通过外部信号设备触碰这个点,这个点可以是机床工作台范围内的一个边或一个方形/圆形的一个挡块。我们用方形/圆形挡块说明举例。已知方形/圆形挡块的中心为工件坐标系 G54,运行外部信号设备触碰方形/圆形挡块 X 轴方向的一侧,将当前位置值#5041 赋给#1,同样原理触碰挡块的 X 轴方向另一侧,再将当前位置值#5041 赋给#2。将两次测量的位置相加除 2 得出挡块 X 轴方向的中心位置,再将该 X 轴的位置赋给#3。通过可编程数据输入将#3 赋给 G54X 轴坐标值。

示例:

⋮

#1＝#5041　　　　　　　　　　(将 X 轴方向位置赋给#1)

⋮

#2＝#5041　　　　　　　　　　(将另一侧 X 轴方向位置赋给#2)

#3＝[[#1＋#2]/2]　　　　　(取方形/圆形挡块中心位置赋给#3)

G10 L2 P1 X#3　　　　　　　　(通过可编程数据输入将#3 赋给 G54X 轴坐标值)

　　　　　　　　　　　　　　　(G10 使用可参考可编程数据输入)

⋮

6) 程序验证和重启动信息

程序验证和重启动相关参数见表 3.9。

表 3.9　程序验证和重启动相关参数表

变 量 号	功 　 能	示 　 例
#1208	0:程序正常执行 1:快速验证	N10 G0 X100 X0 IF[#1208eq0]goto10 M2 通过 IF 条件判断,在程序执行状态下进行 goto 跳转,在快速验证状态下不进行跳转,此判断避免快速验证时陷入无限循环
#1209	0:程序正常执行 1:重启动	N10 G0 X100 X0 IF[#1209eq0]goto10 X100 M2 可在第 5 行重启动。添加#1209 的 IF 判断,避免了在执行重启动时陷入无限循环,使得数控装置可以从指定行执行重启动

3.3.2　程序参数赋值

程序参数赋值的语法如下。

(1) 通过符号"#"。

（2）通过等号"＝"。

（3）一个实数值。例如，"♯3＝15"，表示把数值 15 赋给 3 号参数。

（4）在一个程序行中，参数赋值将在执行完所有操作后执行。例如，当前♯3 等于 15，执行指令"♯3＝6 G1X♯3"，表示 X 轴移动到 15 位置后，将 6 赋给♯3。

3.4　程序控制指令

在程序中，使用 GOTO 语句和 IF 语句可以改变程序的流向。有三种转移和循环操作可供使用：GOTO 语句（无条件转移），IF 语句（条件转移，格式为 IF…THEN…或 IF…GOTO…），WHILE 语句（当…时循环）。

移动和循环 $\begin{cases} \text{GOTO 语句　无条件转移} \\ \text{IF 语句　条件转移，格式为：IF…THEN…或 IF…GOTO…} \\ \text{WHILE 语句　当…时循环} \end{cases}$

3.4.1　无条件转移：GOTO 语句

使用 GOTO 语句时，转移（跳转）到顺序号 N（即俗称的行号）的程序段。

当指定 N1～N99999999 以外的顺序号时，会触发数控装置报警，报警内容为 P1098［错误行号］，不能大于 99999999。若大于 10 位，数控装置报警，报警内容为 P1403［错误行号］，参数 N 不能为负。

示例：

GOTO 99

　⋮

N99…

即跳转到顺序号 N99 处执行。

3.4.2　条件转移：IF 语句

IF 之后指定条件表达式，如

1. IF［条件表达式］GOTO n

表示如果指定的条件表达式满足时，则转移（跳转）到顺序号 n（俗称行号）的程序段。如果没有满足指定的条件表达式，则顺序执行下一个程序段，如果变量♯1 的值大于 100，则转移（跳转）到顺序号为 N99 的程序段（见图 3.1）。

2. IF［条件表达式］THEN

如果指定的条件表达式满足时，则执行预先指定的宏程序语句，而且只执行一个宏程序语句，如

IF［♯1 EQ ♯2］THEN ♯3＝10（如果♯1 和♯2 的值相同，将 10 赋值给♯3）

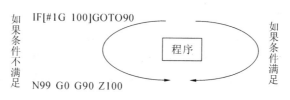

图 3.1　IF 条件转移示意图

说明：

① 条件表达式必须包括运算符,运算符插在两个变量之间或变量和常数中间,并且用"[]"封闭,表达式可以代替变量;

② 运算符由两个字母组成(见表 3.10),用于两个值的比较,以决定它们是相等还是一个值小于或大于另一个值;注意,不能使用等号。

表 3.10　运算符及含义

运　算　符	含　　义	英 文 注 释
EQ	等于(＝)	Equal
NE	不等于(≠)	Not Equal
GT	大于(＞)	Great Than
GE	大于或等于(≥)	Great than or Equal
LT	小于(＜)	Less Than
LE	小于或等于(≤)	Less than or Equal

示例：

♯1＝0	(存储和数变量的初值)
♯2＝1	(被加数变量初值)
N5 IF[♯2 GT 100]GOTO 99	(当被加数大于 100 时转移到 N99)
♯1＝[♯1＋♯2]	(计算和数)
♯2＝[♯2＋♯1]	(下一个被加数)
GOTO 5	(转到 N5)
N99 M30	(程序结束)

3.4.3　循环：WHILE 语句

在 WHILE 后指定一个条件表达式构成 WHILE 语句,当指定条件满足时,则执行从 DO 到 END 之间的程序。否则,转到 END 后的程序段(见图 3.2)。

DO 后面的号是指定程序执行范围的标号,标号值分别为 1、2、3。如果使用了 1、2、3 以外的值,会触发报警(报警内容为 P1207[报警行号]DO 后使用非法字循环数)。

图 3.2　WHILE 循环示意图

1. 嵌套

在 DO～END 循环中的符号(1～3)可根据需要多次使用。但是需要注意的是，无论怎样多次使用，标号永远限制在 1、2、3；此外，当程序有交叉的重复循环(DO 范围的重叠)时，会触发系统报警(报警内容为 P1274[报警行号]WHILE 循环交叉嵌套)，以下为关于嵌套的详细说明。

(1) 标号(1～3)可根据需要多次使用(见图 3.3)。

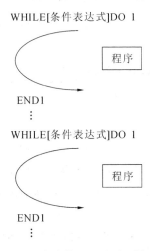

图 3.3　多次使用 WHILE 循环

(2) DO 的范围不能交叉(见图 3.4)。

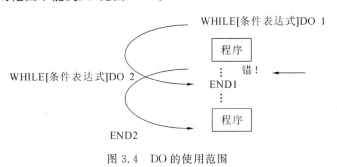

图 3.4　DO 的使用范围

（3）DO 循环可以 3 重嵌套（见图 3.5）。

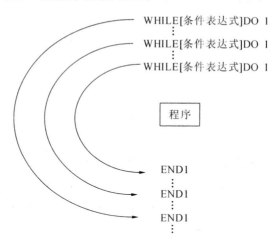

图 3.5　DO 循环的嵌套

（4）（条件）转移可以跳出循环的外边（见图 3.6）。

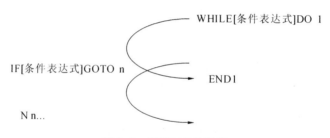

图 3.6　循环与条件转移

（5）（条件）转移不能进入循环区内，注意与上述第 4 点对照（见图 3.7）。

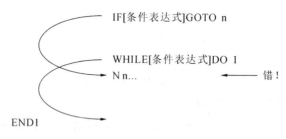

图 3.7　循环与条件转移的限制

2. 关于循环（WHILE 语句）的其他说明

（1）DO m 和 END 必须成对使用，而且 DO m 一定要在 END m 指令之前，用识别号 m 来识别。

（2）无限循环。当指定 DO 而没有指定 WHILE 语句时，将产生从 DO 到 END 之间的无限循环。

（3）未定义的变量。在使用 EQ 或 NE 的条件表达式中，值为空和值为零将会有不同的效果。而在其他形式的条件表达式中,空即当做零。

(4) 条件转移(IF 语句)和循环(WHILE 语句)的关系。显而易见,从逻辑关系上说,两者不过是从正反两个方面描述同一件事情,从实现的功能上说,两者具有相当程度的相互替代性。从具体的用法和使用限制上说,条件转移(IF 语句)受到的限制相对更少,使用更灵活。

(5) 处理时间。当使用 GOTO(无论是无条件转移的 GOTO 还是"IF…GOTO"形式的条件转移的 GOTO)中的标号转移语句时,数控装置将进行顺序号检索。一般来说,数控装置反向检索的时间要比正向检索的长,因此,用 WHILE 语句实现循环可减少处理时间。但是,这一点在实际应用中到底有多大的意义,还是值得商榷。个人认为,在宏程序的应用中,优先考虑的应该是数学表达式是否正确,思路是否简洁,逻辑是否严密,至于具体选择何种语言来实现,则不必拘泥。事实上,这里讨论的数控装置处理时间在实际应用中的差别并不明显,而且从宏程序的学习和掌握技巧来看,似乎 IF…GOTO 形式的条件转移语句相对容易理解和掌握,特别是对初学者。

第 4 章　编制 NC 程序

4.1　基　本　步　骤

在编制 NC 程序时,编程本身仅仅是编程员工作的很小一部分。所谓编程本身就是指用 NC 语言实现加工步骤。

在进行编程之前,加工步骤的计划和准备非常重要。事先对 NC 程序的导入和结构考虑越细致,则在真正编程时速度就越快,也越方便,编好的 NC 程序也就越明了与准确。此外,层次清晰的程序在以后修改时还能带来很多的方便。

因为所加工的零件外形并不相同,所以没有必要使用同一个方法来编制每个程序。

大多数情况下,下列的编程步骤较为实用。

步骤 1　工件图样准备。

● 确定工件零点。

● 画出坐标系。

● 计算可能缺少的坐标。

步骤 2　确定加工过程。

● 使用何种刀具用于加工哪一个轮廓。

● 按照顺序加工工件的各个部分。

● 重复出现(可能会颠倒)的加工内容应该存放到一个子程序中。

● 在其他零件程序或子程序中有当前工件可以重复使用的工步可以复制。

● 考虑使用零点偏移、旋转、镜像、比例尺(框架形式)。

步骤 3　编制操作顺序图。

确定机床中加工过程的各个工步,如

● 用于定位的快速移动。

● 换刀。

● 确定工作平面。

● 检测时空运行。

● 开关主轴、冷却液。

● 调用刀具数据。

- 进刀。
- 轨迹补偿。
- 快速退刀。

步骤 4　使用编程语言翻译工作步骤,把每个工步写为一个 NC 程序段(或多个 NC 程序段)。

步骤 5　把所有的工步汇编为一个程序。

4.2　可 用 字 符

在编制 NC 程序时,下面的符号可以使用。

大写字母:

A,B,C,D,E,F,G,H,I,J,K,L,M,N,(O),P,Q,R,S,T,U,V,W,X,Y,Z

小写字母:

a,b,c,d,e,f,g,h,i,j,k,l,m,n,o,p,q,r,s,t,u,v,w,x,y,z

数字:

0,1,2,3,4,5,6,7,8,9

特殊符号:参见表 4.1。

表 4.1　特殊符号及含义

字　　符	含　　义
%	程序开始于结束(仅在 PC 程序中自动生成)
(	括号注释
)	括号注释
[	括号参数或者表达式
]	括号参数或者表达式
=	等于
*	乘法
/	除法,跳段
+	加法
—	减法
$	子程序名的前导符
_	下画线,与字母一起
.	小数点
#	变量标识
空格	空格

注意:
- 字母"O"不要与数字"0"混淆!
- 小写字母与大写字母没有区别。
- 不可表述的特殊字符与空格符一样处理。

4.3 程 序 头

在真正产生工件轮廓的运动程序段之前插入的 NC 程序段称为程序头。程序头包含下列方面的信息/指令。

- 换刀。
- 刀具补偿。
- 主轴运动。
- 进给控制。
- 几何设置(零点偏移,工件平面选择)。

【例 4.1】　车削用 NC 程序程序头的典型结构。

N10 T0101　　　　　　　　　　（调用刀具）

N20 M3 S2000 M8　　　　　　　（主轴转速,切削液开）

N30 G18 G0 X100 Z10　　　　　（选择工作平面,快速抵达起始位置）

【例 4.2】　铣削用 NC 程序程序头的典型结构。

N10 G91 G28 X0 Y0 Z0　　　　（返回参考点）

N20 M6 T01　　　　　　　　　　（换刀）

N30 G40 G80 G49 G69　　　　　（为安全,取消相应功能）

N40 G54　　　　　　　　　　　　（调用工件坐标）

N50 G0 X0 Y0 Z100 M3 S2000（快速抵达工件零点上方 100 mm 处,主轴启动）

4.4 程 序 示 例

4.4.1　第一个编程步骤

【例 4.3】　第一个编程步骤。

此例用来在数控装置上执行第一个编程步骤并进行测试。

步骤 1　新编程零件程序(名称)。

步骤 2　编辑零件程序。

步骤 3　选择零件程序。

步骤 4　激活单个程序段。

步骤 5　启动零件程序。

为了使程序能够在数控机床上执行,必须设置相应的机床数据;在测试程序时可能会出现报警,这些报警必须首先复位。测试程序如下。

N10 G54 M3 S1000　　　　　　　（工件坐标,主轴启动）

N20 M6 T1　　　　　　　　　　（自动换刀）

N30 G0 X100 Y100　　　　　　　（快速回位）

N40 G1 X150 F100　　　　　　　（进给率,直角进给,X 轴上的直线）

N50 Y120　　　　　　　　　　　（Y 轴上的直线）

N60 X100　　　　　　　　　　　（X 轴上的直线）

N70 Y100　　　　　　　　　　　（Y 轴上的直线）

N80 G0 X0 Y0　　　　　　　　　（快速退回）

N100 M30　　　　　　　　　　　（程序段结束）

4.4.2　用于车床 NC 编程

【例 4.4】　设置数控车床加工的工件,采用半径编程和刀具半径补偿。

为了使程序能够在机床上执行,必须设置相应的机床数据。工件图样如图 4.1 所示,程序如下。

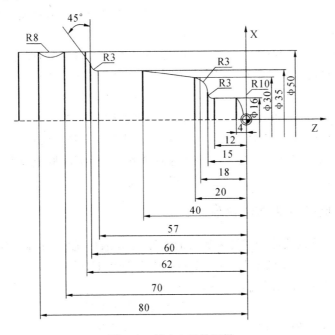

图 4.1　例 4.4 工件图样

N5 G28 X0 Z0　　　　　　　　　（返回第一参考点）

N10 G0 X100 Z200　　　　　　　（快速移动到工件的安全换刀位置）

N15 T0101　　　　　　　　　　（调用 1 号刀具及 1 号刀具偏置）

N20 G96 S250 M3　　　　　　　（选择恒定切削速度）

N25 G92 S2000 M8　　　　　　　（限制最大恒定速度,切削液开）

N30 G42 D1 G0 X−1.5 Z1　　　　（使用 1 号半径刀具补偿）

N35 G1 X0 Z0 F120

N40 G3 X16 Z−4 R10　　　　　　（车削 R10 的圆弧）

N45 G1 Z−12

N50 G2 X22 Z−15 R3　　　　　　（车削 R3 的圆弧）

N55 G1 X24

N60 G3 X30 Z−18 R3　　　　　　（车削 R3 的圆弧）

N65 G1 Z−20

N70 X35 Z−40

N75 Z−57

N80 G2 X41 Z−60 R3　　　　　　（车削 R3 的圆弧）

N85 G1 X45 Z−62

N90 X52

N95 G40 G0 G97 X100 Z50 M9　　（撤销刀具半径补偿,返回换刀位置）

N100 T0202　　　　　　　　　　（调用 2 号刀具及 2 号刀具偏置）

N105 G96 S210 M3　　　　　　　（选择恒定切削速度）

N110 G92 S1500 M8　　　　　　　（限制最大恒定速度,切削液开）

N115 G0 G42 D2 X50 Z−60　　　　（使用 2 号刀具半径补偿）

N120 G1 Z−70 F120　　　　　　　（车削 φ50 的圆弧）

N125 G2 X50 Z−80 R8　　　　　　（车削 R8 的圆弧）

N130 G0 G40 X100 Z50 M9　　　　（退刀,取消刀具半径补偿）

N135 G97 G28 X0 Z0 M5　　　　　（返回参考点,主轴停,取消最大速度限制）

N140 M30　　　　　　　　　　　（程序结束）

4.4.3　用于铣床 NC 编程

【例 4.5】　设置数控立式铣床加工的工件,采用表面铣削、侧面铣削及钻削。为了使程序能够在机床上执行,必须设置相应的机床数据。

工件图样如图 4.2、图 4.3 所示,程序如下。

#1=5　　　　　　　　　　　　（循环语句条件）

N10 G91 G28 X0 Y0 Z0　　　　　（返回参考点）

N20 M6 T01　　　　　　　　　　（换刀,φ10 mm 立铣刀）

N30 G40 G80 G49 G69　　　　　　（为了安全,取消相应功能）

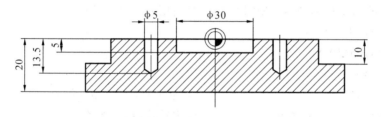

图 4.2　例 4.5 工件侧视图

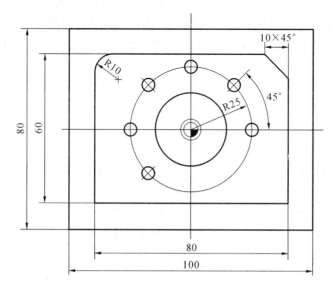

图 4.3　例 4.5 工件顶视图

N40 G54	（调用工件坐标）
N50 G0 X0 Y0 Z100 M3 S2000	（快速抵达工件零点上方 100 mm,主轴启动）
N60 X50 Y-40 M8	（快速抵达安全起刀点）
N70 Z0	
N80 G1 Z-10 F100	（Z 轴进给速度抵达切削深度）
N90 G42 D1 G1 X40 F200	（加入刀具半径补偿）
N100 Y30 ,C10	（使用任意角度倒角/圆弧过渡）
N110 X-40,R10	
N120 Y-30	
N130 X50	
N140 G40 Y-40	（取消刀具半径补偿）
N150 G0 Z10	（Z 轴离开工件表面）
N160 X0 Y0	（刀具抵达工件坐标中心）
N170 G1 Z-5 F100	（刀具以进给速度抵达切削深度）
N180 WHILE［♯1GE15］DO1	（使用循环语句进行正圆加工）

N190 G41 D1 G1 X♯1 Y0 F200　　　（使用刀具半径补偿）

N200 G3 I－♯1 J0

N210 G0 G40 X0

N220 ♯1＝［♯1＋5］

N230 END1　　　　　　　　　　　（当条件满足后循环结束）

N240 G0 Z100 M5 M9　　　　　　　（主轴停,切削液关）

N250 M6 T02　　　　　　　　　　　（换刀,φ5 mm 钻头）

N260 G0 Z10 M3 S1000 M8　　　　　（主轴启动,切削液开）

N270 G16 G81 X25 Y0 Z－13.5 R5　（极坐标与固定循环加工工件孔）

N280 Y45

N290 Y90

N300 Y135

N310 Y180

N320 Y－135

N330 G80 G15　　　　　　　　　　（固定循环结束,极坐标取消）

N340 G0 Z100

N350 G28 Z0 M5　　　　　　　　　（返回参考点）

N360 M30　　　　　　　　　　　　（程序结束）

第5章 换刀与刀具补偿的调用

5.1 换 刀

5.1.1 使用 T 指令换刀(车床)

1.功能

通过 T 指令可以直接进行换刀。

2.应用

对带有转塔刀库的车床,刀塔系统是提供自动化加工过程中所需储刀及换刀需求的一种装置,如图 5.1、图 5.2 所示,其自动换刀机构及可以储存多把刀具的刀库,改变了传统以人为主的生产方式。借由数控装置中 T 指令的控制,可以完成各种不同的加工需求,如车削、钻孔、镗孔、内外车削螺纹等,大幅缩短加工时间,降低生产成本,这是刀库系统的最大特点。

3.刀塔系统的分类

刀塔系统如图 5.1、图 5.2 所示。

图 5.1 四工位刀塔   图 5.2 多工位液压刀塔

4.换刀指令结构

T 指令结构如下所示。

5.含义

用 T 指令编程时,若指定的位数不足 4 位,则数控装置会在数字前以 0 补足 4 位;若多于 4 位且第 4 位之上的数字中有不为 0 的数字,则数控装置会给出提示信息"所选刀具号不存在",否则内部处理时只保留低 4 位。因此当只编程 1 位或 2 位数时,不会产生换刀,只更改刀补数据。

一个程序段中只允许指定一条 T 指令,T 指令在轴移动指令之前执行(先换刀)。T 指令的执行,由 PLC 编写换刀逻辑实现。

【例 5.1】 T0103 表示选择 1 号刀具,采用 3 号刀具补偿;

T0200 表示选择 2 号刀具,并取消当前刀具补偿;

T02 表示不换刀,采用 2 号刀具补偿。

在铣床数控装置中,T02 表示换刀,不采用刀补。请注意两种数控装置的区别。

5.1.2　使用 M6 指令换刀(铣床)

1.功能

通过 T 指令可以选择刀具,使用 M6 激活刀具(包含刀具补偿)。

2.应用

在带有链式、盘式或斗笠式刀库的铣床上,刀库系统是提供自动化加工过程中储刀及换刀需求的一种装置。自动换刀机构及可以储放多把刀具的刀库,改变了传统以人为主的生产方式。借由数控装置程序的控制,可以完成各种不同的加工需求,如铣削、钻孔、镗孔、攻丝等,大幅缩短加工时间,降低生产成本,这是刀库系统的最大特点。

3.刀库的结构

刀库的结构如图 5.3、图 5.4、图 5.5 所示。

图 5.3　斗笠式刀库

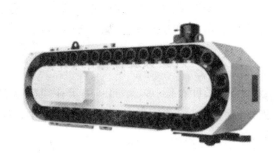

图 5.4　盘式刀库　　　　　　　　　　　图 5.5　链式刀库

4. 换刀指令结构

M6 指令结构如下所示。

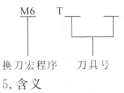

换刀宏程序　　刀具号

5. 含义

M6 换刀功能通过同名宏程序调用实现,需编写换刀宏程序 M6. PRG。整体换刀动作将不通过 PLC 处理。

用 T__ 选择刀具,参数为刀具(槽)号(范围 0～255)。如果有多条 T 指令,则最后的一条有效。T0 表示没有刀具被选中,即换刀后主轴上没有刀具。

在一些机床上,可以在执行其他运动命令的同时,转动刀具盘,为换刀作准备。在这样的机床上,可以在一次换刀后,立即对 T 编程,以节约换刀时间。

【例 5.2】　M6T01:表示选择铣床刀库中的 1 号刀具并把该刀具装入主轴。

M6T00:表示不选择任何刀具装入主轴。

5.2　刀具补偿的调用

5.2.1　刀具补偿的常用信息

可以直接编程工件尺寸(例如根据加工图样)。在编程时,无须考虑如铣刀直径、车刀的刀沿位置(车刀的左边/右边)及刀具长度等刀具参数。

在加工工件时控制刀具的行程(取决于刀具的几何参数),使其能够加工出编程工件的轮廓。

为了使数控装置能够对刀具进行计算,必须将刀具参数记录到数控装置的刀具补偿存储器中。通过 NC 程序仅调用所需要的刀具(T...)及所需要的补偿程序段

（D...）。

在程序加工过程中,数控装置从刀具补偿存储器中调用刀补参数,再根据相应的刀具修正不同的刀具轨迹,如图5.6所示。

5.2.2 刀具长度补偿的调用

刀具长度补偿(G43、G49)用于补偿实际刀具和编程中的假想刀具(所谓的标准刀)的偏差,将偏差值设置到偏置存储器中,就可不用修改程序地补偿刀具长度的差异,如图5.7所示。

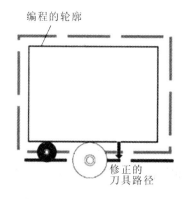

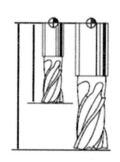

图 5.6　补偿后的刀具路径　　　　图5.7　刀具长度补偿

由输入的相应地址号H指令从偏置存储器中选择刀具长度偏置值。数控装置能存储100组刀具的半径和长度(H00～H99)。

1.刀具长度补偿的调用

G43 H...　　　　　　(刀具长度补偿调用)

⋮

G49　　　　　　　　　(刀具长度补偿取消)

2.含义

G43 H...:长度补偿调用,H为刀具补偿索引值。

G49:G49可以取消刀具长度偏置,在G49指定之后,数控装置立即取消刀具长度补偿。

当程序执行到G43时,数控装置根据从刀具表中(00～99)选择数值刀具补偿长度。如果不选择刀具偏置索引,则数控装置认为是0号索引。0号索引补偿值为0,不可更改。

G43是模态的(保持的),可以由M2、M30、急停或复位撤消。

5.2.3 刀具半径补偿的调用

数控加工时,编程轮廓和刀具路径并不相同。铣刀或者刀具中心点必须在一条与编程轮廓等距的轨迹上运行。为此,数控装置需要使用刀具补偿存储器中的刀具类型(半径)数据。

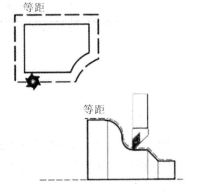

进行加工时,编程的刀具中心点轨迹取决于半径和加工方向,移动时要使刀沿精确地沿着所需的轮廓运行,如图 5.8 所示。

用于刀具半径补偿的准备功能有以下三个。

G40:撤销刀具半径补偿。

G41:左刀具半径补偿。

G42:右刀具半径补偿。

当刀具移动时,G41 和 G42 可以使刀具轨迹偏移一个刀具半径。

为了偏移一个刀具半径,数控装置首先建立长度等于刀具半径的偏置(起刀点),偏置矢量垂直于刀具轨迹。矢量的尾部在工件上,而头部指向刀具中心。

图 5.8　刀具半径补偿

如果在起刀之后指定直线插补或圆弧插补,在加工期间,刀具轨迹可以用偏置矢量的长度偏移。

在加工结束时,要返回初始状态,须使用 G40 指令取消刀具半径补偿方式。

沿运动方向,刀具在工件的左边用 G41 指令,刀具在工件的右边用 G42 指令如图 5.9、图 5.10 所示。

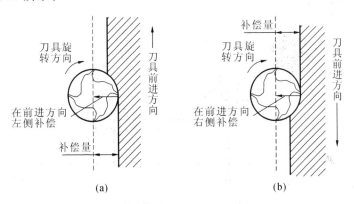

图 5.9　铣削示意图

(a) G41 指令　(b) G42 指令

当用 G17、G18、G19 选好刀具半径补偿平面后,必须用 G41 或 G42 建立刀具半径补偿。

G41:沿切削方向看,刀具在零件的左边。

G42:沿切削方向看,刀具在零件的右边。

1.刀具半径补偿的调用

G00(或 G01)　G41(或 G42)　IP_D_

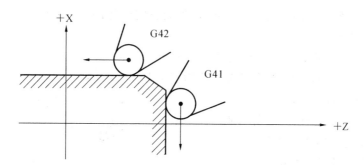

图 5.10 车削示意图

IP_:轴移动指令(绝对位置/增量位置)。

D_:指定刀具半径补偿值的索引号。

2.含义

为了从刀具表中选取正确的刀具补偿值,必须在编有 G41 或 G42 指令的程序段中编入 D_ _(D00～D99)选择刀具半径补偿值索引。如果不选择刀具半径补偿值索引,则数控装置认为是 0 号索引。

3.带刀具半径补偿的进刀与退刀

带刀具半径补偿的进刀与退刀如图 5.11、图 5.12 所示。设置刀具补偿半径如下。

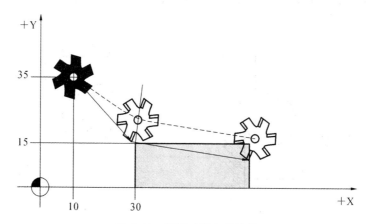

图 5.11 调用刀具半径补偿

N10 G41 D1

N20 G01 X30 Y15 F500

注意:刀具半径补偿选择 G41 或 G42 只能在 G00 或 G01(直线运动)有效时执行。

如第一次调用刀具补偿是在 G02 或 G03 指令有效时,则数控装置将产生出错报警。

取消刀具半径补偿如下。

N10 G41 D1

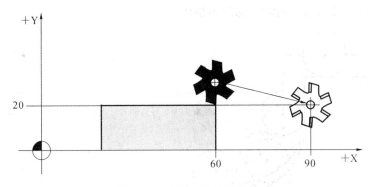

图 5.12　取消刀具半径补偿

N20 G01 X30 Y15 F500

N30 Y30

N40 X60

N50 G40

N60 G1 X90

注意:使用 G40 撤销刀具半径补偿时必须注意,撤销刀具半径补偿 G40 只能在编有直线运动(G00、G01)的程序段中执行。如果在含有 G02 或 G03 的程序段中编入 G40,则会触发数控装置报警。

4. 车床数控装置中的假想刀尖与方向码

为了方便编程,在数控车削编程中把刀尖看作一个点,称之为假想刀尖,如图 5.13 所示。数控编程中刀尖的运动轨迹即为该假想刀尖的运动轨迹。

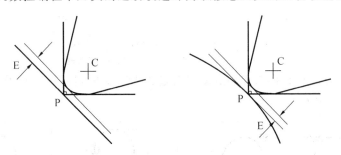

图 5.13　刀尖假想示图

以假想刀尖为基准编程时,数控装置按照假想刀尖位置发出指令并控制刀尖运动轨迹。由于刀尖半径的客观存在,切削点与假想刀尖点并不重合,切削时形成尺寸误差。为提高零件的加工精度,使刀具切削路径与工件轮廓吻合一致,可以用以下途径实现:将刀尖点编程转换为刀尖中心点(见图 5.13)的 C 点编程,再采用刀具半径补偿算法,重新计算刀尖运动轨迹,使刀尖的切削点与轮廓轨迹重合。

因为车刀刀尖一般为圆形,因此若不考虑刀沿半径,在车削圆锥或加工圆弧时会产生轮廓不精确的问题。存在这些问题时,显示如图 5.14 所示。通过 G41 或 G42

激活刀沿半径补偿,用于消除轮廓的不精确。

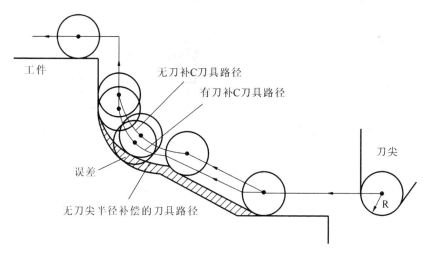

图 5.14　刀具路径

刀具在起点时的位置关系如图 5.15 所示。

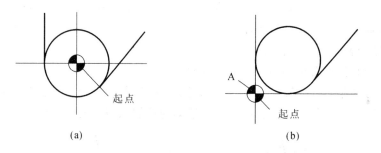

（a）　　　　　　　　　　　　　　　　（b）

图 5.15　两种不同刀尖位置起点的比较

（a）用刀尖中心编程时　（b）用假想刀尖编程时

在将刀尖点编程转换为刀心点编程的过程中需要用到刀具方向码,具体方向码设置如图 5.16 所示。

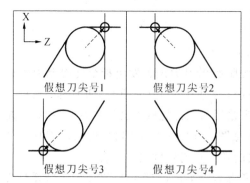
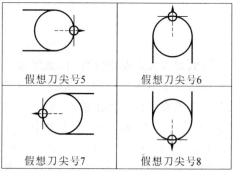

图 5.16　假想刀尖方向码

注意:未指定 D 时,使用在 T 指令中指定的刀偏索引号;若 T 和 D 指令均未指定,则无刀具半径补偿;若两个指令同时指定,则刀尖半径补偿值和方向码以 D 指令指定为准,刀偏补偿和磨损补偿以 T 指令为准。

刀尖半径补偿功能的初始打开(G41/G42)只能在 G00 或 G01(直线运动)有效时执行。如在 G02 或 G03 指令有效时开启刀尖半径补偿功能,数控装置将会报警。

5. 使用刀具半径补偿的补充说明

1) 刀具半径补偿关闭状态

初始上电时,数控装置处于刀具半径补偿关闭状态,在关闭状态中,假想刀尖轨迹和编程轨迹一致。

2) 起刀

由 G40 方式转换为 G41 或 G42 方式的程序段称起刀程序段。从起刀程序段到下一个程序段起始点,数控装置对刀尖中心和以后的程序段至少预读一个运动程序段。

3) 刀补进行中

GJ 系列数控装置实现了定位(G00)、直线插补(G01)和圆弧插补(G02,G03)的刀具半径补偿。在刀具半径补偿状态下,可以处理多个刀具不移动的程序段(辅助功能、暂停等),刀具不会因此产生过切或欠削;如果在刀具半径补偿打开状态切换插补平面时则出现错误提示,刀具停止移动。

4) 刀补进行中刀具半径补偿值发生变化

刀具半径补偿值应在刀具半径补偿取消状态下改变。在刀具半径补偿进行中不允许改变刀具半径补偿值。

5) 正负刀尖半径补偿值和刀尖中心轨迹

GJ 系列数控装置区分刀尖半径的正负号,如果在 G41 编程时的半径值取为负值,此时数控装置将以 G42 运行半径值的绝对值为准,反之对 G42 亦然,如图 5.17 所示。

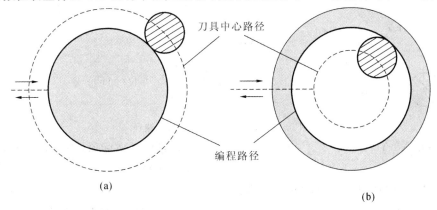

图 5.17　刀具半径正负号对路径的影响

(a) G41　(b) G42

　　一般情况下偏置量编程为正值。

　　当刀具路径编程如图 5.17(a)所示，即 G41，如果半径偏置量改为负值，刀具中心也会变成如图 5.17(b)所示的路径，即 G42。

　　6）刀具半径补偿值设定

　　刀具半径补偿值保存在刀具文件中。当用户指定刀具号时，加工程序会从刀具文件中读取刀具补偿值。在程序运行期间，刀具补偿值来自运行前刀具文件中的参数值。刀具文件中的刀具补偿值必须在程序运行前设定好。

　　刀具半径补偿的详细加工过程如图 5.18 所示，程序如下。

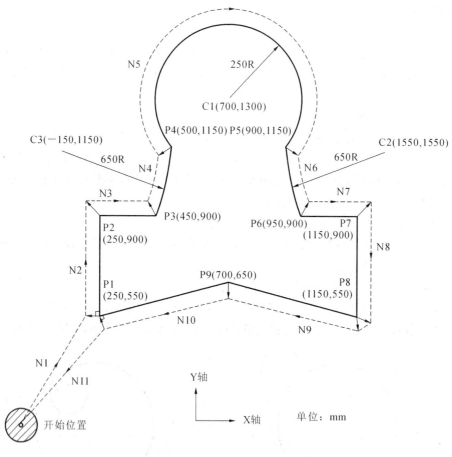

图 5.18　刀具半径补偿的运动路径

G92 X0 Y0 Z0　　　　　　　　　　　　（指定绝对坐标值，刀具定位在(X0，Y0，Z0)）

N1 G90 G17 G00 G41 D7

X250 Y550　　　　　　　　　　　　　（开始刀具半径补偿(起刀)，使用 7 号刀具的半径补偿值）

N2 G01 Y900.0 F150　　　　　　　　　　（从 P1 到 P2 加工）

N3 X450.0　　　　　　　　　　　　　　（从 P2 到 P3 加工）

N4 G03 X500.0 Y1150.0 R650.0　　　　（从 P3 到 P4 加工）

N5 G02 X900.0 R－250.0　　　　　　　（从 P4 到 P5 加工）

N6 G03 X950.0 Y900.0 R650.0　　　　　（从 P5 到 P6 加工）

N7 G01 X1150.0　　　　　　　　　　　（从 P6 到 P7 加工）

N8 Y550.0　　　　　　　　　　　　　　（从 P7 到 P8 加工）

N9 X700.0 Y650.0　　　　　　　　　　（从 P8 到 P9 加工）

N10 X250.0 Y550.0　　　　　　　　　　（从 P9 到 P1 加工）

N11 G00 G40 X0 Y0　　　　　　　　　　（取消偏置方式,刀具返回到(X0,Y0,

　　　　　　　　　　　　　　　　　　　Z0))

5.2.4　刀具半径补偿的详细说明

概述

刀补转接角 α 是指刀具编程路径交角处位于工件一侧的夹角,如图 5.19
所示。

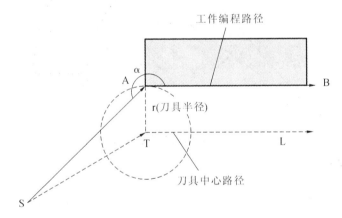

图 5.19　刀具转接角示意图

1.起刀时的刀具移动

在 GJ 系列数控装置中,刀补起刀分为以下四种情况。

(1) 刀补转接角 α＞180°,如图 5.20、图 5.21 所示。

(2) 刀补转接角为钝角(90°≤α＜180°),如图 5.22、图 5.23 所示。

(3) 刀补转接角为锐角(α＜90°),如图 5.24、图 5.25 所示。

(4) 刀补转接角为锐角(α＜1°),如图 5.26 所示。

刀具绕小于 1°的锐角外边做直线-直线移动(即转接角 0°~1°)。编程路径:A—
B—C,其中:AB 与 BC 之间夹角小于 1°。刀具中心路径:A—B′—C′,其中 C′位置由
下一条运动段决定,如图 5.26 所示。

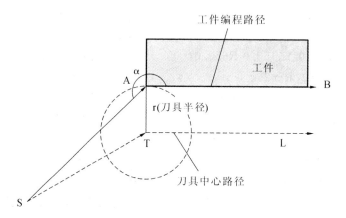

图 5.20　直线-直线刀补建立(α>180°)

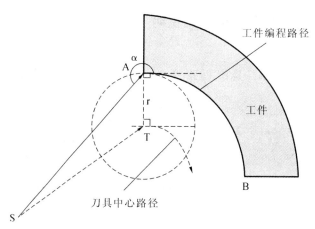

图 5.21　直线-圆弧刀补建立(α>180°)

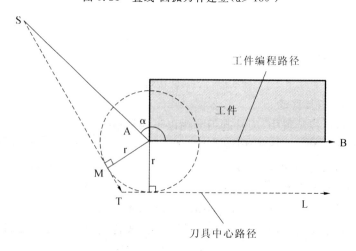

图 5.22　直线-直线刀补建立(90°≤α<180°)

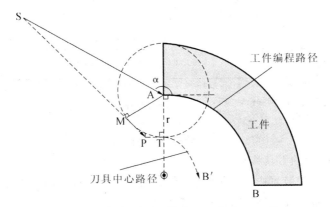

图 5.23　直线-圆弧刀补建立（90°≤α＜180°）

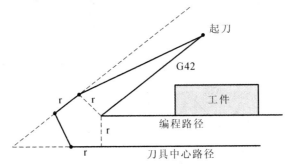

图 5.24　直线-直线刀补建立（α＜90°）

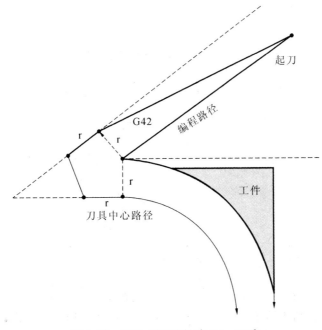

图 5.25　直线-圆弧刀补建立（α＜90°）

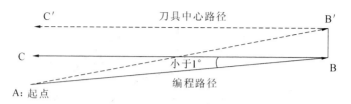

图 5.26　刀补转接角（直线-直线，α＜1°）

2.刀补进行中的刀具移动

在 GJ 系列数控装置中，刀补进行中的刀具移动分为以下四种情况。

（1）刀补转接角 α≥180°，如图 5.27 至图 5.30 所示。

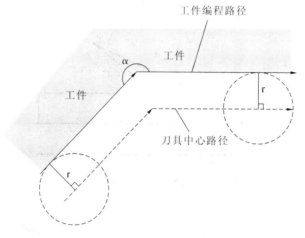

图 5.27　直线-直线刀补进行中的转接过渡（α≥180°）

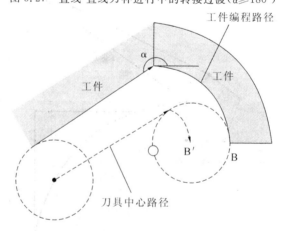

图 5.28　直线-圆弧刀补进行中的转接过渡（α≥180°）

（2）刀补转接角为钝角（90°≤α＜180°），如图 5.31 至图 5.34 所示。

（3）刀补转接角为锐角（α＜90°），如图 5.35 至图 5.38 所示。

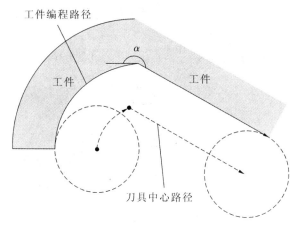

图 5.29　圆弧-直线刀补进行中的转接过渡（α≥180°）

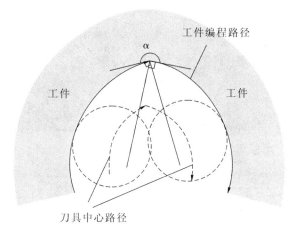

图 5.30　圆弧-圆弧刀补进行中的转接过渡（α≥180°）

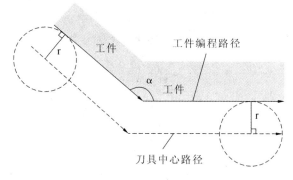

图 5.31　直线-直线刀补进行中的转接过渡（90°≤α＜180°）

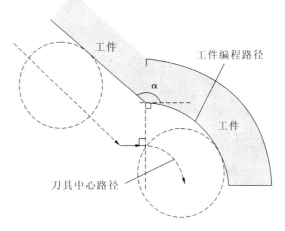

图 5.32　直线-圆弧刀补进行中的转接过渡(90°≤α<180°)

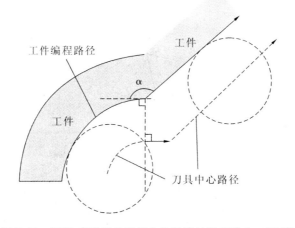

图 5.33　圆弧-直线刀补进行中的转接过渡(90°≤α<180°)

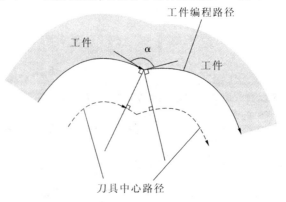

图 5.34　圆弧-圆弧刀补进行中的转接过渡(90°≤α<180°)

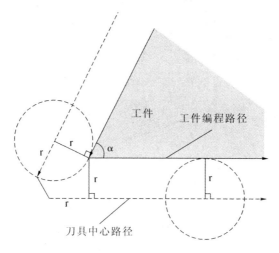

图 5.35 直线-直线刀补进行中的转接过渡(α<90°)

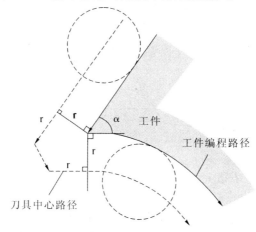

图 5.36 直线-圆弧刀补进行中的转接过渡(α<90°)

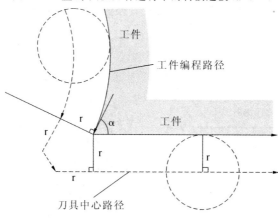

图 5.37 圆弧-直线刀补进行中的转接过渡(α<90°)

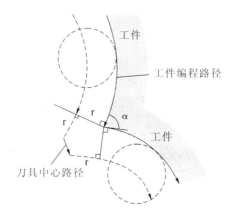

图 5.38　圆弧-圆弧刀补进行中的转接过渡（α＜90°）

（4）刀补转接角为锐角（359°≤α≤360°），刀具绕小于1°的锐角内边做直线-直线移动（即转接角[359°～360°]）。编程路径：A—B—C，其中：AB 与 BC 之间夹角小于 1°。刀具中心路径：A′—B′—B″—C′，其中：A′为当前刀具中心位置，C′位置由下一条运动段决定，如图 5.39 所示。

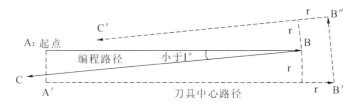

图 5.39　刀补转接角（359°≤α≤360°）

（5）特殊情况。

① 没有内交点。一般补偿后形成的两个圆弧刀具中心轨迹相交在一点 P，如果刀具半径补偿值指定的过大，交点 P 可能不出现。当出现这种情况时，数控装置报错，并停止刀具运动。如图 5.40 中给定的刀补值过大，以至于没有交点出现，刀具停止在最后一个交点上。

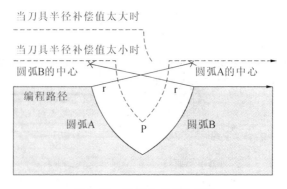

图 5.40　没有内交点的情况

② 无刀具运动程序段。下面的程序段没有在刀补平面内的刀具移动,在这些程序段中即使有刀具半径补偿,刀具也不会在刀补平面内移动,直到读到下一个刀补平面内的运动段为止。

【例 5.3】　即没有刀补平面内的轴运动,也没有第三轴的运动的程序段。

G17 G41 D1 X0 Z0

　⋮

F800

M7

M8

M9

　⋮

【例 5.4】　没有刀补平面内的轴运动的程序段。

G17 G41 D1 X0 Z0

　⋮

F800

M7

Z100

M8

M9

　⋮

3. 刀补取消时的刀具移动

(1) 刀补转接角($\alpha \geqslant 180°$),如图 5.41、图 5.42 所示。

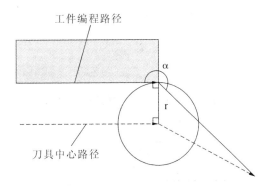

图 5.41　直线-直线刀补取消过程中的转接过渡($\alpha \geqslant 180°$)

(2) 刀补转接角为钝角($90° \leqslant \alpha < 180°$),如图 5.43、图 5.44 所示。

(3) 刀补转接角为锐角($\alpha < 90°$),如图 5.45、图 5.46 所示。

(4) 刀补转接角为锐角($\alpha < 1°$)。刀具绕小于1°的锐角外边做直线-直线移动(即转接角$[0° \sim 1°]$)。编程路径:A—B—C,其中:AB 与 BC 之间夹角小于 1°。刀具中

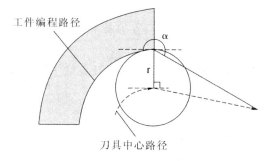

图 5.42　圆弧-直线刀补取消过程中的转接过渡（α≥180°）

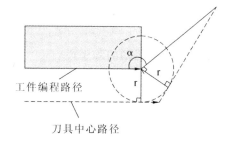

图 5.43　直线-直线刀补取消过程中的转接过渡（90°≤α<180°）

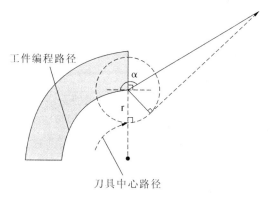

图 5.44　圆弧-直线刀补取消过程中的转接过渡（90°≤α<180°）

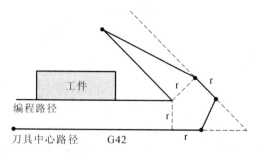

图 5.45　直线-直线刀补取消过程中的转接过渡（α<90°）

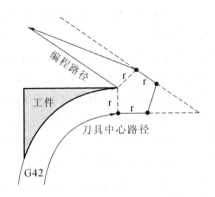

图 5.46 圆弧-直线刀补取消过程中的转接过渡（α<90°）

心路径：A′—B′—C，其中 A′为当前刀具中心位置，如图 5.47 所示。

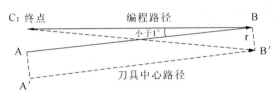

图 5.47 刀补转接角（α<1°）

4. 刀补状态下的干涉检查

1）干涉检查条件

刀具过切称为干涉，干涉检查功能预先对刀具过切进行检查。刀具路径的方向与编程路径的方向相反认为产生干涉，如图 5.48 所示。

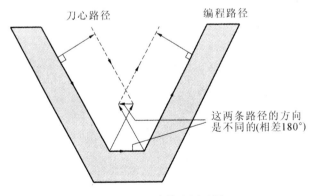

图 5.48 干涉检查原理图

2）干涉处理

刀补状态下，每执行一段路径前都会进行干涉检查，如果发现干涉现象出现，则数控装置提示错误信息，并停止运动。

5. 刀具半径补偿调用在加工程序中的作用

刀具补偿分成三个部分：刀具偏置、刀具磨损补偿、刀具半径补偿。刀具偏置就是我们经常听到的对刀。为什么要对刀呢？目的是告诉我们编程的零点在什么位置，然后按照编制的加工程序走刀。

　　刀具磨损补偿的主要目的是在刀具使用过程中，刀具渐渐磨损，直到不能再用为止，可是我们所做的产品却需要符合图样要求，于是在不换用新的刀具的情况下，通过修改刀具磨损补偿达到产品工艺要求。刀具半径补偿由 G 指令确定。有 G40、G41、G42，它们分别是取消刀具半径补偿、刀具左补偿、刀具右补偿。那么你会想为什么要用到刀具半径补偿呢？因为在制作刀具的时候，考虑刀具的强度和使用寿命，于是把刀具的刀尖不做成一个锋利的尖刀形状，而是在两个切削刃的连接的地方用了一个过渡的圆角，这样充分提高了刀具的寿命。我们说的刀尖半径就是这个圆弧的半径。半径的大小一般在购买刀具的时候从所附的参数中可以得到。什么时候会用到刀尖半径补偿呢？一般情况下在切削圆弧、圆锥、倒角的时候经常用到，如果不用就会产生过切或者少切的情况。

第6章 主轴运动

6.1 主轴速度和主轴旋转方向

1.功能

设定主轴转速和旋转方向可使主轴产生旋转,它是切削加工的前提条件,如图 6.1 所示。

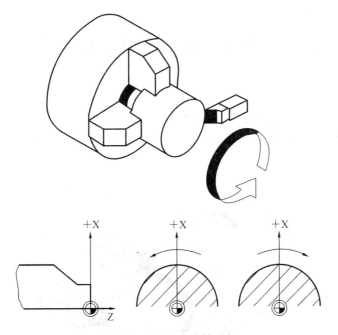

图 6.1 车削时的主轴运行

除了主主轴,机床上还可以配备其他主轴(比如车床可以配置一个副主轴或驱动刀具)。通常情况下,机床数据中的主要主轴被视为主主轴。可通过数控指令更改该指定。

2.指令结构

M3 S...

M4 S...

M5 S...

3.含义

1）S

S...　　　　　（主轴的转速,单位为 r/min）

2）M3

主轴以顺时针方向开始旋转。启动主轴时,按右旋螺纹进入工件的方向旋转。

3）M4

主轴以逆时针方向开始旋转。启动主轴时,按右旋螺纹离开工件的方向旋转。

在主轴未转时,使用 M3 和 M4 使其旋转;若 S 或修调率为 0 时,则主轴也不能旋转;若主轴转速被设置为大于 0（且修调率不为 0）,主轴将转动;主轴转动后,也可以使用 M3 和 M4 使其换向。要使主轴停止,用 M5 指令。

4）M5 主轴停

主轴停止旋转。

6.2　恒定切削速度

1.功能

"恒定切削速度"功能激活时,主轴转速会根据加工工件直径变化而改变,使得刀刃上的切削速度（单位为 m/min 或 ft/min）保持恒定,如图 6.2 所示。

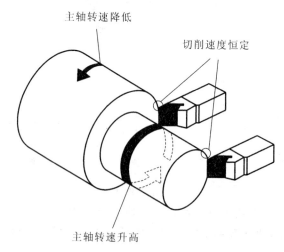

图 6.2　主轴恒定切削示意图

因此恒定切削速度具有以下优点。

（1）匀速的旋转,从而达到更好的表面加工质量。

（2）加工时保护刀具。

2.指令结构

1）主轴表面恒线速切削启动指令

G96 S... （表面线速度恒定启动,单位为 m/min 或 ft/min）

2）取消表面恒线速切削

G97 S... （表面恒定切削速度取消,当前速度由 S 指定主轴旋转速度(r/min)）

3）最大主轴速度箝制

G92 S... （S 后面接最大主轴速度值(r/min),S＝0 表示取消 G92 的主轴速度限制）

3.含义

G96:有效时在 S 后指定表面恒定的线速度,单位是 m/min 或 ft/min,是模态 G 指令。

G97:取消 G96 方式。

G92:在表面恒线速切削时,工件旋转半径越小,主轴转速就越高,但不能高得让机械结构承受不了,为此用 G92 S...限制主轴最高转速。

【例 6.1】 表面恒线速切削应用。

⋮

G0 X52 Z0 （刀具快速移动到工件端面）

G96 S100 （这时主轴转速为 100 r/min）

G92 S2500 （给定主轴最高限制转速 2500 r/min）

G1 X0 （当 X 轴向指定的圆柱中心移动时,主轴会从 100 r/min 提升到 2500 r/min(主轴最高限制速度)）

G97 （取消表面恒线速切削）

⋮

6.3 主轴与 Cs 轴切换

1.功能

主轴速度控制是指控制主轴的旋转速度,Cs 轴即轮廓控制轴,是指使用位置移动指令控制主轴旋转的角度。GJ 系列数控装置具有主轴 S 与轮廓轴 Cs 相互转换的功能,因此可以执行旋转轴与直线轴的插补,实现轮廓控制。Cs 轴的编程与 X、Z 轴的编程方法相同。

2.指令结构

M66 （开启 Cs 轮廓轴）

G0 C0 （轮廓轴）

3. 含义

【例 6.2】 切换 Cs 轴方法 1。

M3 S4000

M66

G0 C0

G1 X100 Y200

⋮

例 6.2 中的程序的执行过程是主轴以 4000 r/min 的转速直接降为零,在降速过程中自动回零,等待主轴彻底停止后才切换到 Cs 轴。

【例 6.3】 切换 Cs 轴方法 2。

M3 S4000

M5

M66

G0 C0

G1 X100 Y200

⋮

例 6.3 中程序的执行过程是主轴先停止后又旋转一圈,直到找到零点后停止,然后再等待主轴彻底停止后才切换到 Cs 轴。

4. 使用 Cs 轴的注意事项

考虑执行时间的长短,建议采用例 6.2 中的编程方式。但在编程时应注意以下事项。

(1) 执行 M66 切换主轴为 Cs 轴之前不需要执行 M05。

(2) 利用 PLC 编程处理 M66 时,先置 G114 相应位信号为 1,同时要保证主轴的 G4.3 或 G4.4 正反转信号为"1"。

(3) 只有当 F110 的相应位为"1"时才表示主轴已切换到 Cs 轴,然后才能做主轴的换挡和位置模式切换;该信号为"0"表示主轴仍在速度控制模式,不能把主轴切换到位置模式。

(4) 主轴在减速的过程中自动回零,所以当主轴停止并切换成 Cs 轴后 C 轴将停在随机位置处(0°附近的位置),所以在加工时要加上 G0 C0 或直接给 C 轴发运动指令到指定加工位置。

5. Cs 轴相关参数与应用

♯1644 参数:"主轴切换 Cs 轴 M 指令",默认是 M66;必须执行参数设置的 M 指令(在机床逻辑中译完这个 M 指令后置 G114 信号)后才能执行 Cs 轴切换。

取消 Cs 轴切换的 M 指令不需要参数设置,只要将 G114 信号清为"0"即可切换 Cs 轴为主轴控制方式。

♯1645 参数:"主轴切换 Cs 轴停止时间",单位是 ms,默认是 2000 ms。

该参数用来在主轴切换 Cs 轴时判断主轴彻底停止的等待时间,例如主轴以 4000 r/min 的转速旋转,从 4000 r/min 降为零所需要的时间;若此项参数设置值少于这个时间会导致主轴切换 Cs 轴时出现超差报警。

主轴速度控制使用速度指令,主轴轮廓控制使用位置移动指令。主轴速度控制和主轴轮廓控制之间的切换由 PLC 与数控装置的信号(G 接口信号)执行。

在 Cs 轮廓控制方式中,Cs 轮廓控制轴可以手动或自动操作,与常用的伺服轴一样。用于 Cs 轮廓控制的轴必须设定为数控装置的控制轴。用参数设置数控轴为 Cs 轴,该轴名不能与主轴定位指令的字符名相同。

主轴轮廓控制功能和主轴定位功能不能同时使用。如果两个功能同时使用,主轴轮廓控制功能优先。

主轴从速度控制切换至轮廓控制方式后,当前位置是不确定的,应执行主轴回零操作,否则报警。

复位时不对主轴控制方式进行复位。

在主轴速度控制模式中对 Cs 轴的指令进行报警处理。

6. PLC 逻辑编程

1) F 接口

主轴控制方式状态信号为"F71.1"。

类别:PLC 输入信号。

功能:数控装置通知 PLC 当前的主轴控制方式。

输入条件:信号为"1"时,表示当前为 Cs 轮廓控制方式。信号为"0"时,表示当前为主轴速度控制方式。

2) G 接口

主轴控制方式选择信号为"G74.2"。

类别:PLC 输出信号。

功能:主轴控制方式切换。

动作:该信号指定主轴速度控制功能与 Cs 轮廓控制方式之间进行切换。当此信号为"1"时,主轴从速度控制方式切换至 Cs 控制方式。此信号变为"0"时,将 Cs 轮廓控制方式切换回速度控制方式,切换前应先确认主轴移动指令已经结束,然后指令切换,否则报警。

7. Cs 轮廓控制功能

主轴速度控制与 Cs 轮廓控制的切换。

(1) 从主轴速度控制切换至 Cs 轮廓控制。当 G74.2 为"1"时,如果主轴处于速度控制方式,则立即停止主轴旋转,并返回 PLC"当前主轴是轮廓控制方式"。

(2) 从 Cs 轮廓控制切换至主轴速度控制。当 G74.2 为"0"时,如果主轴已经为速度控制方式则不做其他处理;如果主轴处于 Cs 控制方式,且有移动指令,则先报警,待运动结束后再切换至主轴速度控制方式;若处于 Cs 控制方式但没有移动指令,则直接切换主轴控制方式为速度控制方式。

切换成功后返回 PLC"当前主轴是速度控制方式"。

(3) 在切换到 Cs 之前主轴有旋转指令,从 Cs 再切换回主轴速度控制方式后,主轴应以缺省速度旋转。

8. Cs 轴返回参考点

(1) 从主轴速度控制方式切换到轮廓控制方式后,在执行运动指令前应先执行 Cs 轴的回零操作,否则报警。

(2) 从轮廓控制方式切换到主轴速度控制方式时,取消 Cs 轴的回零状态,即界面显示颜色的变化。

(3) Cs 轴的回零操作取决于 Cs 轴的回零类型,目前仅考虑 Cs 轴没有回零开关,其回零方式与主轴定向中的主轴回零相同。

9. Cs 轴插补及闭环控制

(1) 数控装置启动过程中不请求 Cs 轴的伺服就绪及伺服使能,而是根据当前主轴的控制方式,决定是否通过 M3/M4 使能主轴或通过 F71.1 为"1"时直接给 Cs 轴使能。

(2) 在轮廓控制方式下,Cs 轴执行闭环控制,其移动指令可与其他伺服轴进行插补。

6.4 第 二 主 轴

1. 功能

GJ300 系列产品支持双主轴控制,其中第一主轴可以实现速度、换挡、传动比、定位定向、Cs 轴切换、攻丝、转进给、恒线速及螺纹控制;第二主轴只有速度控制(不支持换挡和传动比控制),不支持定位定向和 Cs 轴切换控制。第二主轴没转进给、恒线速和螺纹控制;第二主轴可以进行攻丝和与第一主轴同步。

2. 功能的使用

1) 速度控制

第二主轴的速度控制通过 M、S 指令实现,其中 M 指令译码后通过 PLC 控制第二主轴的旋转信号来控制主轴旋转;第二主轴没有挡位信号和 SSTP 信号,只有旋转信号,信号定义如下。

① 第二主轴请求正转信号 S2FOR"G80.3"。

类别:PLC 输出信号。

功能:G80.3＝1,第二主轴请求正转。

② 第二主轴请求反转信号 S2REV"G80.4"。

类别:PLC 输出信号。

功能:G80.4＝1,第二主轴请求反转。

S指令通过两个控制开关,即 SWS1 和 SWS2 分别控制数控装置把 S 指令分配给哪个主轴。"0"为有效的信号,即信号为"0"时控制开关闭合,为"1"时控制开关断开;上电开始两个开关都闭合,即两个主轴都受数控装置的 S 指令控制。信号定义如下。

① 请求接通第一主轴开关信号＊SWS1"G80.0"。

类别:PLC 输出信号。

功能:G80.0＝0,请求接通第一主轴。G80.0＝1,请求断开第一主轴。

② 请求接通第二主轴开关信号＊SWS2"G80.1"。

类别:PLC 输出信号。

功能:G80.1＝0,请求接通第二主轴。G80.1＝1,请求断开第二主轴。

第二主轴在速度控制方式时,CNC 通知 PLC 的状态信号如下。

① 主轴零速信号"F74.4"。

类别:PLC 输入信号。

功能:表示主轴实际速度为零。

输入条件:主轴实际速度为零时,信号为"1",否则信号为"0"。

② 主轴速度到达信号"F74.5"。

类别:PLC 输入信号。

功能:表示主轴实际速度到达速度指令的数值。

输入条件:主轴实际速度到达主轴转速的命令值时,信号为"1",否则信号为"0"。

2) 攻丝控制

第一主轴和第二主轴都可以进行攻丝,但同一时刻只能有一个主轴进行攻丝,与攻丝相关的信号如下。

① 主主轴切换信号"G113.0～G113.1"。

类别:PLC 输出信号。

功能:通知数控装置当前哪个主轴是主主轴,每一位对应一个主轴。信号为"0"表示该位对应的主轴不是主主轴;信号为"1"表示该主轴是主主轴,可以进行攻丝操作;两位同时为"1",低位优先级高。

② 伺服主轴同步信号"F71.0"。

类别:PLC 输入信号。

功能:通知 PLC 切换主轴为同步模式。

输入条件:进入伺服主轴同步状态时,该信号为"1";取消伺服主轴同步状态时,该信号为"0"。主要用于主轴攻丝。

③ 第二主轴同步信号"F71.6"。

类别:PLC 输入信号。

功能:通知 PLC 切换第二主轴为同步模式。

输入条件:进入伺服主轴同步状态时,该信号为"1";取消伺服主轴同步状态时,该信号为"0"。主要用于第二主轴攻丝和主轴同步。

3.数控装置与第一、第二主轴的接通与断开

M23:通接第一主轴。数控装置可控制其旋转速度。

M24:断开第一主轴。保持断开之前的状态,不受控。

M25:通接第二主轴。数控装置可控制其旋转速度。

M26:断开第二主轴。保持断开之前的状态,不受控。

此功能 M 指令非固定 M 指令,也无参数进行配置,具体使用的 M 指令编号由 PLC 逻辑决定,推荐使用 M23/M24 和 M25/M26。

6.5　主轴同步控制

1.功能

主轴同步控制可以使得两个主轴(跟随主轴 FS 和引导主轴 LS)实现速度的同步运行。

速度同步是指

$$S(FS) = S(LS) * K$$

式中:K＝传动比分子/传动比分母;K 为负时,表示 FS 和 LS 以相反的方向旋转。

位置同步及角度偏移是指

$$\Delta \varphi(跟随主轴位置) = \varphi(引导轴) - \varphi(跟随轴)$$

默认第一主轴 S1 是引导主轴 LS,第二主轴 S2 是跟随主轴 FS;进入同步主轴模式后,第一主轴保持速度控制,第二主轴进入位置控制方式。

2.指令结构

COUPON　　　　(同步激活指令)

COUPOF　　　　(同步释放指令)

注意:未指定 K 时,其默认值为"1";未指定跟随主轴位置时,默认值为"0"。

3.含义

COUPON:激活同步主轴控制,令第一主轴旋转到"跟随主轴位置"时,第二主轴从 0°开始,进入与第一主轴的同步模式,即第二主轴跟随第一主轴按比例的速度同步,传动比可以是负数;传动比和偏移角度可以在主轴运动中改变。

COUPOF:释放同步主轴的比例关系,第二主轴采用默认转速恢复速度控制,第一主轴保持不变。

4.同步轴控制的转换过程

(1) 执行 COUPON 指令时首先置第二主轴切换位置模式信号 F71.6 为"1",通知 PLC 将第二主轴切换成位置控制模式。

（2）第二主轴当前运行状态是同步释放模式时,执行 COUPON 指令首先判断两个主轴是否回过零:若第一主轴已回过零,则保持上一周期转速旋转;若第一主轴未回过零,则以默认转速进行回零。若第二主轴已回过零,则第二主轴旋转到 0° 位置后停止旋转,等待第一主轴回过零且到达(第二主轴停止位置＋"跟随主轴位置")时开始第二主轴的按比例速度同步;若第二主轴未回过零,则第二主轴以默认转速进行回零,找到零点后停止旋转,等待第一主轴到达(第二主轴停止位置＋"跟随主轴位置")时开始第二主轴的按比例速度同步。

（3）第二主轴当前已在同步激活模式时,执行新的 COUPON 指令首先将第二主轴旋转到 0° 位置后停止旋转,然后等待第一主轴到达(第二主轴停止位置＋新的"跟随主轴位置")时开始第二主轴的按新的比例速度同步。

（4）第二主轴按比例速度与第一主轴同步旋转时,置第二主轴同步状态信号 F32.5 为"1",通知 PLC 将第二主轴已开始同步旋转;从收到 COUPON 指令到第二主轴实现同步运行之前,其他指令暂停执行。

5.第二主轴的工作范围

第二主轴只能做速度、位置显示及同步控制;不能做换挡、传动比、定位定向、攻丝、螺纹控制和 G95、G96、Cs 轴切换。

第二主轴的速度控制通过 M、S 指令实现,第二主轴没有挡位信号和 SSTP 信号,只有旋转信号。

S 指令通过两个控制开关,即 SWS1 和 SWS2 分别控制 S 指令分配给哪个主轴。"0"为有效的信号,即信号为"0"时控制开关闭合;为"1"时控制开关断开。上电开始两个开关都闭合,即两个主轴都受数控装置的 S 指令控制。

6.6　定位主轴

1.功能

通常主轴为速度控制,但在一些特殊的情况下也需要对主轴进行位置控制。例如:在加工中心上进行自动换刀、镗孔加工中因工艺要求而需要让刀和刚性攻丝,以及车床在装卡工件等时,都需要主轴准确地停在一个特定的位置上。这就是我们通常所说的主轴定向功能。

2.指令结构

M19　　　　　　（主轴定位后停止在 0°）

M19 C...　　　 （主轴定位后停止在 C 指定的角度）

M20　　　　　　（取消主轴定位）

3.含义

主轴定位是指主轴接到定位指令后,先回到机床主轴的机械零点,再旋转定位到指令所指定的角度,并像伺服电动机位置环一样,提供一定的保持力矩。

4. 主轴定位的相关参数

♯0423:定向/定位时的主轴转速。

数据类型:无符号整数。

数据单位:r/min。

数据说明:主轴定向和定位时的转速。

♯0425:主轴定位 M 指令。

数据类型:无符号整数。

数据范围:6～97。

数据说明:除已使用的 M 指令,通常会使用推荐的 M19。

♯0426:取消主轴定位 M 指令。

数据类型:无符号整数。

数据范围:6～97。

数据说明:除已使用的 M 指令,通常会使用推荐的 M20。

在数控装置中,通过以上参数可对机床主轴的定位动作进行基本的信息设置。

6.7　主　轴　定　向

1. 功能

主轴定向是指主轴接到定向指令后,回到机床主轴的机械零点。

2. 指令结构

M18

3. 含义

主轴回到机械零点(无力矩保护)。此功能 M 指令非固定 M 指令,也无参数进行配置,具体使用的 M 指令编号由 PLC 逻辑决定,推荐使用 M18。

4. 主轴定位的相关参数

♯0423:定向/定位时的主轴转速。

数据类型:无符号整数。

数据单位:r/min。

数据说明:主轴定向和定位时的转速。

♯0424:主轴定向类型。

数据类型:BOOL 型。

数据说明:"0"为定位基准点使用传感器。

"1"为定位基准点使用编码器 Index 信号。

♯0432:主轴定向偏移。

数据类型:浮点数。

数据单位:(°)。

数据说明:该参数指定定向后主轴停止的位置距离主轴原点的偏移。当数据超过 360°或者为负值时,执行时会进行与 360°取模等操作,将数值转换在 360°以内。

在数控装置中,通过以上参数可对机床主轴的定向动作进行基本的信息设置。

第7章 进给控制

7.1 进 给 率

1.功能

使用这些指令可以在数控加程序中为所有参与加工工序的轴设置进给率。

2.指令结构

G93

G94

G95

3.含义

G93:时间倒数进给,单位:r/min。

G94:线性进给,单位:mm/min,in/min 或(°)/min。

G95:旋转进给,单位:mm/r 或 in/r。以主主轴转速为基准(通常为切削主轴或车床上的主主轴)。

F...:参与运行的几何轴的进给速度。

G93、G94、G95 设置的单位有效。

4.示例

【例 7.1】 时间倒数进给 G93。

用 G93 编程时,F 编程值表示移动应该在 1/F min 内完成。例如,F=2.0,则移动应该在 30 s 内完成(见图 7.1)。时间倒数模式中的 F 值是非模态的,F 必须出现在用该模式的每一个运动段中;没有 G1、G2、G3 的行中,F 值将被忽略。时间倒数模式不影响 G0 执行方式。

【例 7.2】 线性进给 G94。

用 G94 编程时,F 编程值的单位是 mm/min、in/min 或(°)/s。在指定 G94 以后,刀具进给量由 F 之后的数值直接指定。

G94 是模态指令,一旦 G94 被指定,在 G93 或 G95 指定前一直有效(见图 7.2)。

【例 7.3】 旋转进给 G95。

在指定 G95(旋转进给)之后,在 F 后的数值直接指定主轴每转的刀具进给量(见图 7.3)。G95 是模态指令,一旦指定 G95,直到 G93 或 G94 指定之前一直有效。

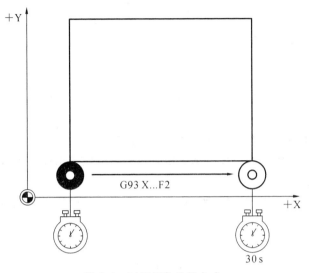

图 7.1　时间倒数进给方式

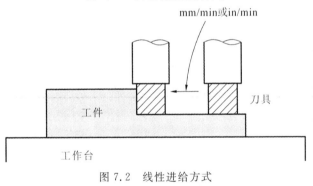

图 7.2　线性进给方式

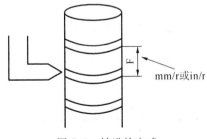

图 7.3　转进给方式

7.2　切削进给下的速度控制

1.功能

加工时刀具在程序段起点与终点的加减速控制。

2.指令结构

G09

G61

G61.1

G64

3.含义

G09：刀具在程序段的终点减速到零，执行到位检查，然后执行下个程序段。

G61：设置运动模式为小线段加工模式。尽可能以进给率沿编程路径运动，需要的时候在拐角处减速或停顿。

G61.1：设置运动模式为精确停止模式。刀具在程序段终点减速到零，再执行下一程序段（见图 7.4(a)）。

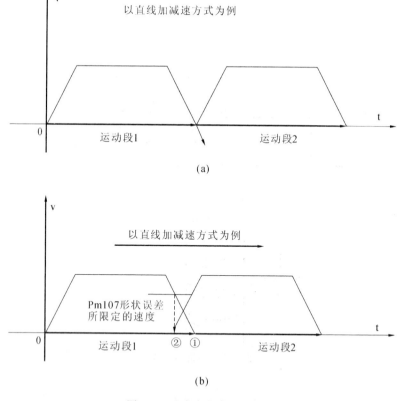

图 7.4　速度变化曲线示意图

(a) G61.1 模式下的速度变化曲线　(b) G64 模式下的速度变化曲线

G64：设置运动模式为速度混合加工模式。刀具在程序段终点位置减速到系统参数 Pm0107 形状允许误差所限定的速度时，开始执行下一程序段。在拐角处减速或停顿，拐角可能被轻微地磨圆（见图 7.4(b)）。

7.3 修 调 功 能

1. 功能

开启或关闭数控装置操作面板中的修调开关。该功能不仅可以对进给倍率进行修调,还可对主轴转速进行修调。

2. 指令结构

M48

M49

3. 含义

M48:转速和进给速率修调使能。

M49:关闭转速和进给率修调。

第 8 章 几 何 设 置

8.1 可设定的零点偏移

1.功能

通过可设定的零点偏移指令(G54～G59 和 G54.1P1～G54.1P48),可以在所有轴上依据基准坐标系的零点设置工件零点(见图 8.1、图 8.2)。

这样可以通过 G 指令在不同的程序之间调用零点(例如用于不同的夹具)。

铣削应用如图 8.1 所示。

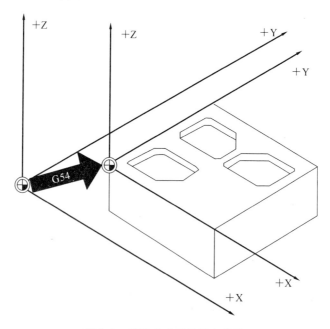

图 8.1　铣削方式下的零点偏移

车削应用如图 8.2 所示。

2.指令结构

指定 G54 到 G59 中的一条 G 指令,可以选择 1～6 工件坐标系中的一个。

G54:选择工件坐标系 1。

G55:选择工件坐标系 2。

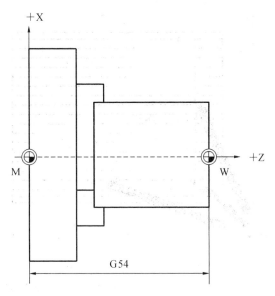

图 8.2 车削方式下的零点偏移

G56:选择工件坐标系 3。

G57:选择工件坐标系 4。

G58:选择工件坐标系 5。

G59:选择工件坐标系 6。

除了 G54 到 G59 之外,还可使用由 G54.1 指定的(G54.1P1～G54.1P48)48 个附加工件坐标系。

当 P 代码和 G54.1 一起指定时,从附加工件坐标系 1～48 中选择相应的坐标系。

工件坐标系一旦选择,一直有效,直到被另一个工件坐标系选择有效为止。

G54.1P1:附加工件坐标系 1。

G54.1P2:附加工件坐标系 2。

$\vdots$

G54.1P48:附加工件坐标系 48。

【例 8.1】 有 3 个工件,它们放在托盘上并与零点偏移值 G54 至 G56 相对应,需要按顺序对其进行加工。加工顺序在子程序 001.prg 中编程(见图 8.3),程序如下。

N10 G0 G90 X10 Y10 F500 T1　　　(进刀)

N20 G54 S1000 M3　　　(调用第一个零点偏移,主轴右旋)

N30 M98 $001.PRG　　　(程序作为子程序运行)

N40 G55 G0 Z200　　　(调用第二个零点偏移)

N50 M98 $001.PRG　　　(程序作为子程序运行)

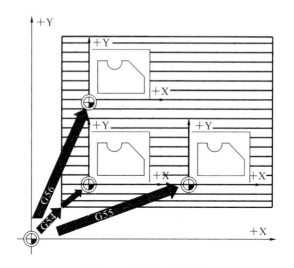

图 8.3　铣削加工示意图

N60 G56　　　　　　　　　　　　（调用第三个零点偏移）
N70 M98 ＄001. PRG　　　　　　　（程序作为子程序运行）
N80 G53 X200 Y300 M30　　　　　（零点偏移取消,程序结束）

8.2　工件平面选择

1.功能
指定加工所需工件的平面(见图 8.4),可以同时确定以下功能:
用于刀具半径补偿的平面;
用于刀具长度补偿的进刀方向,与刀具类型相关;
用于圆弧插补的平面。
2.指令结构
G17
G18
G19
3.含义
G17:工件平面 XY,进刀方向 Z,平面选择第 1 至第 2 几何轴。
G18:工件平面 ZX,进刀方向 Y,平面选择第 3 至第 1 几何轴。
G19:工作平面 YZ,进刀方向 X,平面选择第 2 至第 3 几何轴。
　　要执行圆弧插补、倒角、固定循环、坐标系旋转或刀具补偿等功能时,必须正确选
择平面。数控装置对所选平面上的两个轴进行刀具半径补偿,对垂直于所选平面的
轴进行刀具长度补偿。G17、G18、G19 是模态指令,它们之间互斥。上电或执行复位

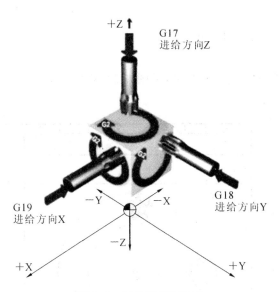

图 8.4 工件平面的选择

后,数控装置的默认平面由参数 Pm0613 决定。

8.3 尺寸说明

大多数数控加工程序的基础部分是一份带有具体尺寸的工件图样,其尺寸说明可以是以下几种。

(1) 绝对尺寸或增量尺寸。

(2) mm 或 in。

(3) 半径或直径(旋转时)。

为了能使图样中的尺寸数据可以直接被数控加工程序接受,针对不同的情况,为用户提供了专用的编程指令。

8.3.1 绝对尺寸说明

1. 功能

在绝对尺寸中,位置数据总是取决于当前有效坐标系的零点,即对刀具应当移动到的绝对位置进行编程。

模态有效的绝对尺寸可以使用指令 G90 进行激活。它对后续数控加工程序中写入的所有轴生效。

2. 指令结构

G90

3.含义

用于激活模态有效绝对尺寸。

4.示例

【例8.2】 铣削加工的绝对尺寸(见图8.5),程序如下。

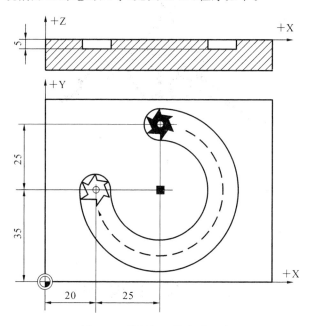

图8.5　铣削加工的绝对尺寸

N10 G90 G0 X45 Y60 Z2 T1 S2000 M3 　　(绝对尺寸,快进到位置 X、Y、Z,刀具
　　　　　　　　　　　　　　　　　　　　　　　　选择,主轴旋转方向朝右)

N20 G1 Z−5 F500 　　　　　　　　　　　　(直线插补,进刀)

N30 G2 X20 Y35 R−25 　　　　　　　　　　(顺时针方向圆弧插补,绝对尺寸中的
　　　　　　　　　　　　　　　　　　　　　　　　圆终点圆心。圆弧大于 180°,圆弧半
　　　　　　　　　　　　　　　　　　　　　　　　径 R 为负值)

N40 G0 Z2 　　　　　　　　　　　　　　　　(移出)

N50 M30 　　　　　　　　　　　　　　　　　(程序段结束)

关于 R 为负值请参见后续“圆弧插补”。

【例8.3】 车削加工的绝对尺寸(见图8.6),程序如下。

N10 G0 G90 X11 Z1 ; 　　　　　(输入绝对尺寸,快速移动到位置 X、Z)

N20 G1 Z−15 F120 ; 　　　　　(直线插补,进刀)

N30 G3 X11 Z−27 R10; 　　　　(逆时针方向圆弧插补,绝对尺寸中的圆终点和圆心)

N40 G1 Z−40 ; 　　　　　　　　(移出)

N50 M30 ; 　　　　　　　　　　(程序段结束)

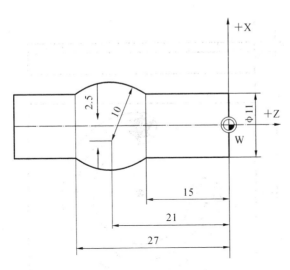

图 8.6　车削加工的绝对尺寸

8.3.2　增量尺寸说明

1. 功能

在增量尺寸中,位置数据取决于上一个移动到的点,即增量尺寸用于说明刀具移动了多少距离。

模态有效的增量尺寸可以使用指令 G91 进行激活,它对后续数控加工程序中写入的所有轴生效。

2. 指令结构

G91

3. 含义

用于激活模态有效增量尺寸。

4. 示例

【例 8.4】　铣削加工的增量尺寸(见图 8.7),程序如下。

N10 G0 X45 Y60 Z2 T1 S2000 M3　　　　(绝对尺寸,快进到位置 X、Y、Z,刀具选

　　　　　　　　　　　　　　　　　　　择,主轴旋转方向朝右)

N20 G1 Z−5 F500　　　　　　　　　　　(直线插补,进刀)

N30 G2 X20 Y35 I0 J−25　　　　　　　　(顺时针方向圆弧插补、绝对尺寸中的圆

　　　　　　　　　　　　　　　　　　　终点、增量尺寸中的圆心)

N40 G0 Z2　　　　　　　　　　　　　　(移出)

N50 M30　　　　　　　　　　　　　　　(程序段结束)

【例 8.5】　车削加工的增量尺寸(见图 8.8),程序如下。

N5 T0100 S2000 M3　　　　　　　　　　(换入刀具 T1,主轴开始向右旋转)

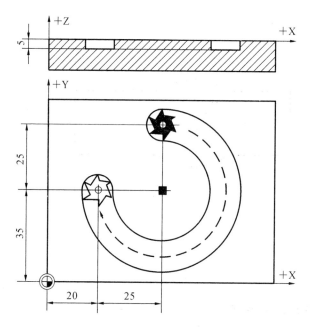

图 8.7　铣削加工的增量尺寸

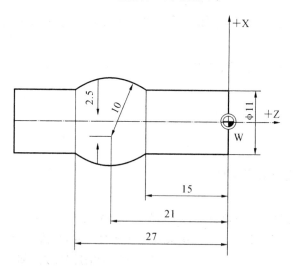

图 8.8　车削加工的增量尺寸

N10 G0 X11 Z1　　　　　　　　　　　　（绝对尺寸，快速移动到位置 X、Z）

N20 G1 Z－15 F0.2　　　　　　　　　　（直线插补，进刀）

N30 G3 X11 Z－27 I－8 K－6　　　　　　（逆时针方向圆弧插补、绝对尺寸中的圆
　　　　　　　　　　　　　　　　　　　　终点、增量尺寸中的圆心）

N40 G1 Z－40　　　　　　　　　　　　　（移出）

N50 M30　　　　　　　　　　　　　　　　（程序段结束）

8.3.3　车削和铣削时的绝对和增量尺寸说明

在图 8.9、图 8.10 中,通过铣削和车削示例说明了如何使用绝对尺寸说明(G90)和增量尺寸说明(G91)进行编程。

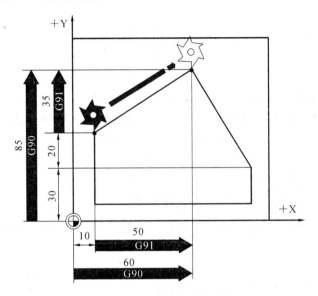

图 8.9　铣削时的绝对和增量尺寸

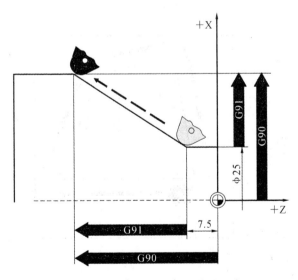

图 8.10　车削时的绝对和增量尺寸

说明:在车削加工中,通常把平面轴中的增量式运行程序段作为半径值处理,而直径则作为参考尺寸。

8.3.4 米制与英制尺寸说明

1.功能

G指令可在米制尺寸系统和英制尺寸系统间进行切换。

2.指令结构

G20

G21

3.含义

G20:激活英制尺寸系统。

在英制尺寸系统中读取和写入与长度相关的几何数据。在设置的基本系统中读取和写入与长度相关的工艺数据,如进给率、刀具补偿,可设定零点偏移,以及机床数据和系统变量。

G21:激活米制尺寸系统。

在米制尺寸系统中读取和写入与长度相关的几何数据。在设置的基本系统中读取和写入与长度相关的工艺数据,如进给率、刀具补偿、可设定零点偏移,以及机床数据和系统变量。

4.示例

【例8.6】 英制尺寸与米制尺寸间的相互转换(见图8.11),设置的基本系统为米制。程序如下。

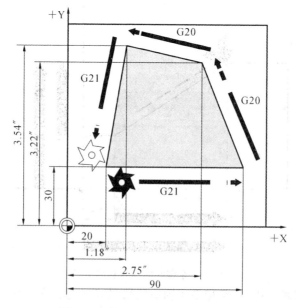

图8.11　铣削时的米制和英制编程

N10 G0 G90 X20 Y30 Z2 S2000 M3　　　(X＝20 mm，Y＝30 mm，Z＝2 mm，F

	为快速运行,mm/min)
N20 G1 Z—5 F500	(Z=—5 mm, F=500 mm/min)
N30 X90	(X=90 mm)
N40 G20 X2.75 Y3.22	(英制尺寸系统:X=2.75 in,Y=3.22 in，F=500 mm/min)
N50 X1.18 Y3.54	(X=1.18 in，Y=3.54 in,F=500 mm/min)
N60 G21 X20 Y30	(米制尺寸系统:X=20 mm，Y=30 mm，F=500 mm/min)
N70 G0 Z2	(Z=2 mm，F 为快速运行,mm/min)
N80 M30	(程序结束)

5.其他信息

G20 或 G21 激活时,仅在相应的尺寸系统中编译以下几何数据。

行程信息(X,Y,Z,…)。

圆弧编程:

圆弧终点坐标(X,Y,Z);

圆弧增量参数(I,J,K);

圆半径(R)。

螺距(G2X...Y...Z...L...,G3L...X...Y...L...)。

可编程的零点偏移(G16、G52、G68)。

第9章 准备功能指令在程序中的实际应用

9.1 行程指令的常用信息

1. 轮廓元素

编程的工件轮廓可以由下列轮廓元素构成。

（1）直线。

（2）圆弧。

（3）螺旋线（直线与圆弧叠加）。

2. 运行指令

上述轮廓元素有下列运行指令可供使用。

（1）快速运行（G0）。

（2）直线插补（G1）。

（3）顺时针方向圆弧插补（G2）。

（4）逆时针方向圆弧插补（G3）。

运行指令模态有效。

3. 目标位置

一个运行程序段包含有带运行轴（轨迹轴、同步轴、定位轴）的目标位置。

可以用直角坐标系统或极坐标系统对目标位置进行编程。

4. 起始点、目标点

运行总是从最近位置运行到编程的目标点。这个目标点将成为下一次运行指令的起始点。

5. 工件轮廓

运行程序段依次执行而产生工件轮廓，如图9.1、图9.2所示。

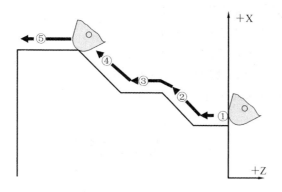

图 9.1   车床数控加工程序的运行轨迹

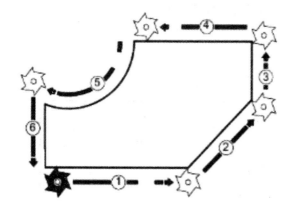

图 9.2   铣床数控加工程序的运行轨迹

9.2   直角坐标系指令

1.功能

在数控加工程序段中可以通过快速运行 G0、直线插补 G1 或圆弧插补 G2 和 G3 返回用直角坐标值给定的位置。

2.指令结构

G0 X...Y...Z...

G1 X...Y...Z...

G2 X...Y...Z...

G3 X...Y...Z...

3.含义

G0:激活快速运行的指令。

G1:激活直线插补的指令。

G2:激活顺时针方向圆弧插补的指令。

G3:激活逆时针方向圆弧插补的指令。

X...:X方向上目标位置的直角坐标值。

Y...:Y方向上目标位置的直角坐标值。

Z...:Z方向上目标位置的直角坐标值。

9.3　极坐标指令

1.功能

当从一个中心点出发为工件或确定尺寸时,以及当使用角度和半径说明尺寸时(例如钻孔图),使用极坐标指令就非常有用,如图9.3所示。

2.指令结构

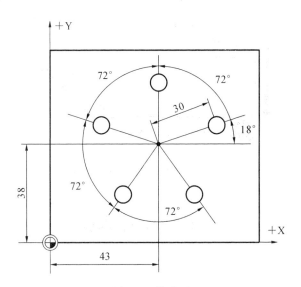

图9.3　钻孔图

钻孔的位置用极坐标来说明。每个钻孔以相同的流程来加工:预钻孔,按尺寸钻孔,铰孔……程序如下。

N10 G54	(设置工件坐标系)
N20 G0 X0 Y0	(快速抵达工件原点)
N30 G52 X43 Y38 Z100	(设定坐标偏移,确定极坐标中心)
N40 G16 G81 X30 Y18 Z−5 R5 F100	(激活极坐标系统,激活钻孔循环)
N50 G91 Y72	(增量空位)
N60 Y72	
N70 Y72	

N80 Y72

N90 G80 G15 G52　　　　　　　　　　（取消钻孔循环,取消极坐标系统）

N100 Z100　　　　　　　　　　　　　（Z 轴抬起到安全位置）

N110 M30　　　　　　　　　　　　　（程序结束）

程序中的 G81 钻孔循环指令与 G52 坐标系偏移指令的使用在后面介绍。

9.4　快速移动

1.功能

快速移动常用于以下场合。

（1）刀具快速定位。

（2）工件绕行。

（3）逼近换刀点。

（4）退刀。

2.指令结构

G0 X... Y... Z...

3.含义

G0:激活快速移动,为模态指令;

X... Y... Z...:以直角坐标值给定的终点。

4.示例

【例 9.1】　图 9.4 所示为铣削加工中的快速移动,程序如下。

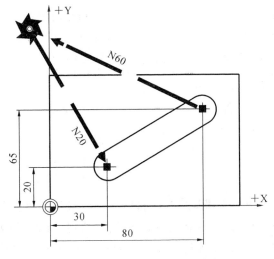

图 9.4　铣削加工中的快速移动

```
N10 G90 S400 M3                （绝对尺寸，主轴顺时针方向旋转）
N20 G0 X30 Y20 Z2              （回到起始位置）
N30 G1 Z－5 F1000              （进刀）
N40 X80 Y65                    （直线运行）
N50 G0 Z2
N60 G0 X－20 Y100 Z100         （退刀）
N70 M30                        （程序结束）
```

【例 9.2】 图 9.5 所示为车削加工中的快速移动，程序如下。

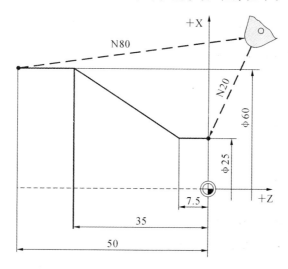

图 9.5　车削加工中的快速移动

```
N10 G90 S400 M3                （绝对尺寸，主轴顺时针方向旋转）
N20 G0 X25 Z5                  （回到起始位置）
N30 G1 G94 Z0 F1000            （进刀 ，分进给）
N40 G95 Z－7.5 F0.2            （转进给）
N50 X60 Z－35                  （直线运行）
N60 Z－50
N70 G0 X62
N80 G0 X80 Z20                 （退刀）
M30                            （程序结束）
```

5. 其他信息

快速移动速度使用 G0 编程的刀具的移动将以最快速度执行（快速运行）。在每个机床数据中，每个轴的快速运行速度都是单独定义的。如果同时在多个轴上执行快速移动，那么快速移动速度由路径运行所需时间最长的轴来决定，如图 9.6 所示。

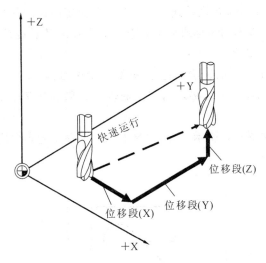

图 9.6　快速移动的刀具轨迹

9.5　直线插补

1.功能

使用 G1 可以让刀具在与轴平行或在空间里任意摆放的直线方向上运动,图 9.7 所示为铣削直线插补加工。可以用线性插补功能加工 3D 平面、槽等。

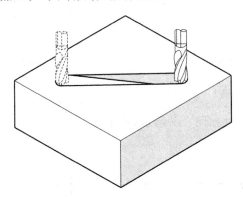

图 9.7　铣削直线插补示意图

2.指令结构

G1 X...Y...Z...F...

3.含义

G1:线性插补(带进给率的线性插补)。

X...Y...Z...:以直角坐标数据给定的终点。

F...:单位为 mm/min 的进给速度。刀具以 F 指定的速度从当前起点向编程的目标点直线运行。可以在直角坐标或极坐标中给出目标点,工件在这个轨迹上进行加工。

G94 G1 X100 Y20 Z30 F100

表示以 100 mm/min 的进给率逼近 X、Y、Z 上的目标点。

G1 为模态指令;在加工时必须指定主轴转速 S 和主轴旋转方向(M3 或 M4)。

4.示例

【例 9.3】　铣削图 9.8 所示工件,刀具沿 XY 平面从起点向终点运行。同时在 Z 方向进刀。程序如下。

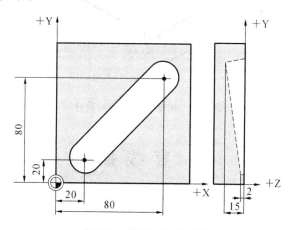

图 9.8　铣削工件尺寸图

N10 G17 S400 M3　　　　　　　　　　(选择工作平面,主轴顺时针方向旋转)

N20 G0 X20 Y20 Z2　　　　　　　　　 (回到起始位置)

N30 G1 Z−2 F40　　　　　　　　　　　(进刀)

N40 X80 Y80 Z−15　　　　　　　　　　(沿一条倾斜方向的直线运行)

N50 G0 Z100　　　　　　　　　　　　　(退刀)

N60 M30　　　　　　　　　　　　　　　(程序结束)

【例 9.4】　工件尺寸如图 9.9 所示,程序如下。

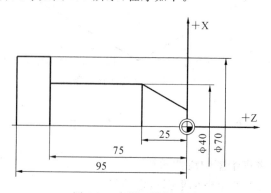

图 9.9　车削工件尺寸图

N10 G18 S400 M3　　　　　　　　　　（选择工作平面，主轴顺时针方向旋转）

N20 G0 X0 Z5　　　　　　　　　　　　（快速抵达加工开始位置）

N30 G01 Z0 F50　　　　　　　　　　　（靠近工件）

N40 X20

N50 X40 Z−25 F100　　　　　　　　　（沿一条倾斜方向的直线运行）

N60 Z−75　　　　　　　　　　　　　　（Z 向直线运行）

N70 X70　　　　　　　　　　　　　　　（X 向直线运行）

N80 Z−95　　　　　　　　　　　　　　（Z 向直线运行）

N90 G0 X100 Z100　　　　　　　　　　（退刀）

N100 M30　　　　　　　　　　　　　　（程序结束）

9.6　圆弧插补

G2 为顺时针方向圆弧插补或螺旋线插补。

G3 为逆时针方向圆弧插补或螺旋线插补。

数控装置提供了不同的方法来编程圆弧运动，由此可以直接变换图样上的标注尺寸。圆弧运动通过以下几点来描述。

● 以绝对或相对尺寸表示的圆心和终点（标准模式）。

● 以直角坐标表示的半径和终点。

在 XY 平面上的圆弧可表示为

$$\text{G17} \begin{Bmatrix} \text{G2} \\ \text{G3} \end{Bmatrix} \text{X}\ldots \text{Y}\ldots \text{Z}\ldots \begin{Bmatrix} \text{I}\ldots \text{J}\ldots \\ \text{R}\ldots \end{Bmatrix} \text{K}\ldots \text{L}\ldots \text{F}\ldots$$

在 ZX 平面上的圆弧可表示为

$$\text{G18} \begin{Bmatrix} \text{G2} \\ \text{G3} \end{Bmatrix} \text{X}\ldots \text{Y}\ldots \text{Z}\ldots \begin{Bmatrix} \text{I}\ldots \text{K}\ldots \\ \text{R}\ldots \end{Bmatrix} \text{J}\ldots \text{L}\ldots \text{F}\ldots$$

在 YZ 平面上的圆弧可表示为

$$\text{G19} \begin{Bmatrix} \text{G2} \\ \text{G3} \end{Bmatrix} \text{X}\ldots \text{Y}\ldots \text{Z}\ldots \begin{Bmatrix} \text{J}\ldots \text{K}\ldots \\ \text{R}\ldots \end{Bmatrix} \text{I}\ldots \text{L}\ldots \text{F}\ldots$$

不同平面的圆弧插补如图 9.10 所示。

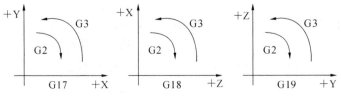

图 9.10　不同平面的圆弧插补

9.6.1　给出圆心和终点的圆弧插补

1.功能

圆弧插补允许对整圆或圆弧进行加工,如图 9.11 所示。

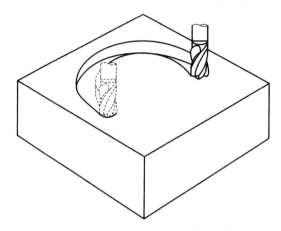

图 9.11　圆弧插补方式

圆弧运动通过以下几点来描述。

● 以直角坐标 X、Y、Z 给定的终点和圆心。

● 地址 I、J、K 上的圆心。

如果圆弧以圆心编程,尽管没有终点,仍产生一个整圆。

2.指令结构

G2　X...Y...Z...I...J...K...(顺时针方向,相对尺寸中的圆心以圆弧起点
　　　　　　　　　　　　　　　为基准)

G3　X...Y...Z...I...J...K...(逆时针方向,相对尺寸中的圆心以圆弧起点
　　　　　　　　　　　　　　　为基准)

3.含义

G2:顺时针方向圆弧插补。

G3:逆时针方向圆弧插补。

X、Y、Z:以直角坐标给定的终点数据。

I、J、K:以直角坐标 X、Y、Z 给出的圆心数据。

4.示例

【例 9.5】　铣削图 9.12 所示的圆弧,程序如下。

N10 G54 G17　　　　　　　　　　　　　(选择工件坐标)

N20 G0 X133 Y44.48 S800 M3　　　　　　(运行到起点)

N30 G1 Z−5 F100　　　　　　　　　　　(进刀)

N40 G2 X115 Y113.3 I−43 J25.52 F500(用增量尺寸表示的圆弧终点和圆心)

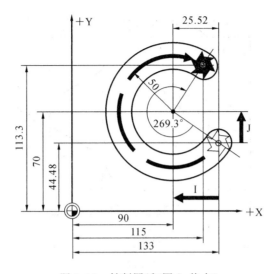

图 9.12　铣削圆弧（圆心-终点）

N50 G1 Z100　　　　　　　　　　　　　　　　（退刀）

N60 M30　　　　　　　　　　　　　　　　　　　（程序结束）

【例 9.6】　铣削图 9.13 所示的整圆，程序如下。

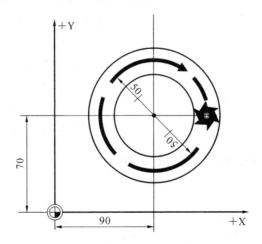

图 9.13　铣削整圆（圆心-终点）

N10 G54 G17　　　　　　　　　　　　　　　　（选择工件坐标）

N20 G0 X140 Y70 S800 M3　　　　　　　　　　（运行到起点）

N30 G1 Z−5 F100　　　　　　　　　　　　　　（进刀）

N40 G2 I−50 J0 F500　　　　　　　（用增量尺寸表示的圆弧终点和圆心）

N50 G1 Z100　　　　　　　　　　　　　　　　（退刀）

N60 M30　　　　　　　　　　　　　　　　　　　（程序结束）

【例 9.7】　车削图 9.14 所示的工件，程序如下。

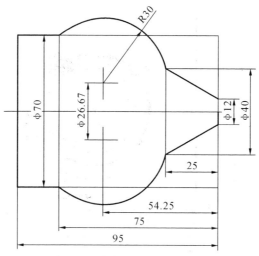

图 9.14　车削圆弧（圆心-终点）

N10 G54 G18	（选择工件坐标系,选择工作平面）
N20 G00 X100 Z100	（快速抵达换刀点）
N30 T0101	（换刀）
N40 G95 M3 S500	（转进给）
N50 X12 Z0	（快速抵达进刀位置）
N60 G1 X40 Z−25 F0.2	
N70 G3 X70 Z−75 I−6.665 K−29.25	（用增量尺寸表示的圆弧终点和圆心）
N80 G0 X100	（刀具沿 X 方向退回）
N90 Z100	（刀具沿 Z 方向退回）
N100 M30	（程序结束）

9.6.2　给出半径和终点的圆弧插补

1.指令结构

G2 X...Y...Z...R...

G3 X...Y...Z...R...

以 R 给定圆弧半径,以直角坐标系 X...Y...Z...给定圆弧终点。

2.含义

G2:顺时针方向圆弧插补。

G3:逆时针方向圆弧插补。

X、Y、Z:以直角坐标给定的终点。

R:圆弧半径。

R+:角度不大于 180°。

R−:角度大于 180°。

3.示例

【例9.8】　铣削图9.15所示的圆弧,程序如下。

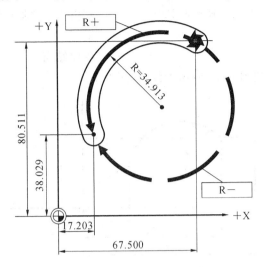

图9.15　铣削圆弧(半径-终点)

N10 G54 S800 M3

N20 G0 X67.5 Y80.511　　　　　　　　(运行到起点)

N30 G1 Z－10 F100　　　　　　　　　(进刀)

N20 G3 X17.203 Y38.029 R34.913 F500(圆弧终点,圆弧半径)

N50 G0 Z100　　　　　　　　　　　(退刀)

N60 M30　　　　　　　　　　　　　(程序结束)

【例9.9】　铣削图9.16所示的圆弧,程序如下。

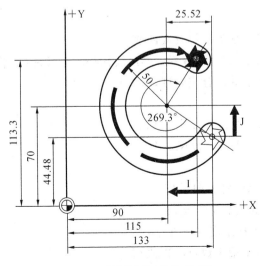

图9.16　铣削圆弧(半径-终点)

N10 G0 G90 X133 Y44.48 S800 M3　　　（运行到起点）

N20 G17 G1 Z－5 F100　　　　　　　　（进刀）

N30 G2 X115 Y113.3 R－50 F200　　　（圆弧终点,圆弧半径）

N50 G1 Z100　　　　　　　　　　　　（退刀）

N60 M30　　　　　　　　　　　　　　（程序结束）

【例 9.10】　车削图 9.17 所示工件,程序如下。

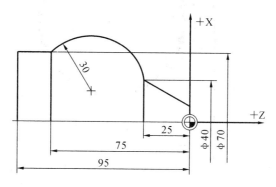

图 9.17　车削圆弧(半径-终点)

⋮

N125 G1 X40 Z－25 F0.2

N130 G3 X70 Z－75 R30

N135 G1 Z－95

⋮

9.6.3　螺旋线插补

1.功能

螺旋线插补可以用来加工螺纹或油槽。

螺旋线插补可以用 G2、G3 编程。螺旋线插补的定义是:主平面上圆弧插补和同步进行的第三轴直线运动的合成轨迹,如图 9.18 所示。

2.指令结构

G2 X...Y...Z...I...J...K...L...

G3 X...Y...Z...I...J...K...L...

3.含义

G2:沿圆弧轨迹顺时针方向运行。

G3:沿圆弧轨迹逆时针方向运行。

X、Y、Z:以直角坐标给定的终点。

L:圈数(非模态,不带小数点的正值)。

I,J,K:其中两个轴为从起点到中心的带有符号的矢量(模态),剩下的一个轴为

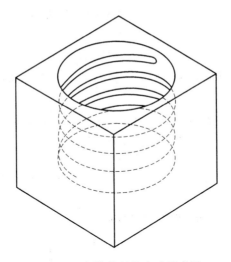

图 9.18 螺旋线插补方式示意图

螺旋插补时的螺旋旋转一周的高度增减值(非模态)。

(1)当平面选择为 XY 平面时,I、J 为从起点到中心的带有符号的矢量,K 为螺旋旋转一周的高度增减值(优先级高于 L)。

(2)当平面选择为 ZX 平面时,K、I 为从起点到中心的带有符号的矢量,J 为螺旋旋转一周的高度增减值(优先级高于 L)。

(3)当平面选择为 YZ 平面时,J、K 为从起点到中心的带有符号的矢量,I 为螺旋旋转一周的高度增减值(优先级高于 L)。

4.示例

【例 9.11】 加工图 9.19 所示的螺旋线,程序如下。

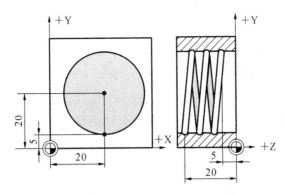

图 9.19 螺旋线加工图形

N10 G17 G0 X20 Y20 Z3 　　　　(回到起始位置)

N20 G1 Z－5 F50 　　　　(进刀)

N30 Y5

N40 G3 I0 J－15 Z－20 L3 　　　　(带以下参数的螺旋线:从起始位置执行 3 个

整圆,然后逼近终点)

N50 G1 Y20

N60 M30 　　　　　　　（程序结束）

螺旋插补只是在圆弧插补的基础上加上一个第三轴位移及螺旋的圈数,如图 9.20 所示。

F 指令指定沿圆弧的进给速度。因此第三轴的进给速度可表示为

$$F \times \frac{\text{直线轴的长度}}{\text{圆弧的长度}}$$

L 表示螺旋线圈数,1 表示 0~360°,2 表示 0~720°,以此类推。

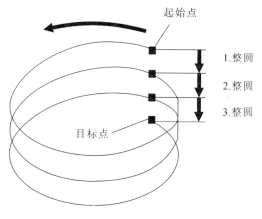

图 9.20　螺旋线插补示意图

9.7　螺　纹　加　工

9.7.1　等螺距的直螺纹切削

1. 功能

使用 G33 可以加工以下带有恒定螺距的螺纹类型,如图 9.21 所示。

（1）圆柱螺纹①。

（2）平面螺纹②。

（3）锥螺纹③。

2. 指令结构

G33 X(U)...Z(W)..F(E)...Q...

3. 含义

X(U)、Z(W):螺纹切削的终点坐标。

E:加工英制螺纹时,每英寸螺纹的牙数。

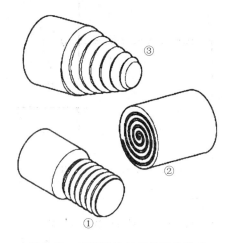

图 9.21　等距螺纹加工的三种类型

F:米制螺纹螺距。

Q:螺纹起始角,单位为(°)(范围为 0°~360°,如不指定,默认为 0°),如图 9.22 所示。

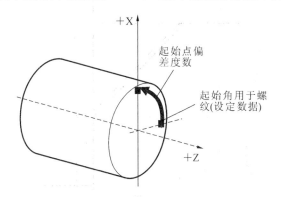

图 9.22　螺纹起始角示意图

说明:如果没有指定起点偏移,会使用设置数据中确定的"螺纹起始角"。

4.示例

【例 9.12】　带有 180°起点偏移的双线柱状螺纹工件如图 9.23 所示,程序如下。

N10 G1 G54 X99 Z10 S500 F100 M3　　　　　(零点偏移,回到起点,激活主轴)

N20 G33 Z—100 F4　　　　　　　　　　　　(圆柱螺纹:在 Z 上的终点)

N30 G0 X102　　　　　　　　　　　　　　　(回到起始位置)

N40 G0 Z10

N50 G1 X99 F100

N60 G33 Z—100 F4 Q180　　　　　　　　　　(第 2 次切削:起点偏移 180°)

N70 G0 X110　　　　　　　　　　　　　　　(退刀)

N80 G0 Z10

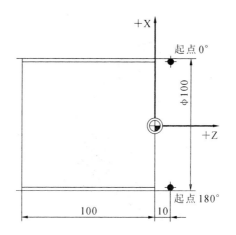

图 9.23 双线柱状螺纹工件

N90 M30   （程序结束）

【**例 9.13**】 锥螺纹工件如图 9.24 所示,程序如下。

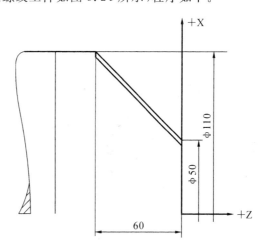

图 9.24 锥螺纹车削工件尺寸图

N10 M3 S500 G1 X50 Z0 F100   （回到起点,激活主轴）

N20 G33 X110 Z-60 F4   （锥螺纹:X 和 Z 上的终点螺距）

N30 G0 Z0   （退刀）

N40 M30   （程序结束）

【**例 9.14**】 端面锥螺纹如图 9.25 所示,程序如下。

N10 G1 X108 Z-1 F100 M3 S500   （回到起点,激活主轴）

N20 G33 X0 F4   （锥螺纹:X 上的终点螺距）

N30 G0 Z100   （退刀）

N40 M30   （程序结束）

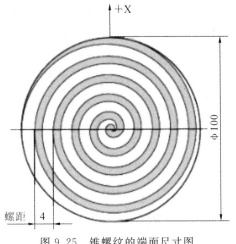

图 9.25　锥螺纹的端面尺寸图

9.7.2　变螺距螺纹切削

1.功能

指令 G34 可以说是 G33 指令功能的扩展,在地址 K 中可对螺纹螺距的变化进行编程。在 G34 中,螺纹螺距的变化如图 9.26 所示。

2.指令结构

G34 Z...K...F...K...

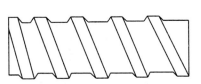

图 9.26　变螺距螺纹图形

3.含义

X(U),Z(W):螺纹切削的终点坐标。

F:米制螺纹螺距。

K:主轴每转一圈螺距的增减量。

Q:螺纹起始角,单位为(°)(范围为(0°~360°),如不指定,默认为0°)。

说明:数控装置对 G34 中 K 的取值范围有严格规定。取值范围:±0.0001~±500.0000 mm/r,超出取值范围,数控装置将报警,报警号为1334。

4.示例

【例 9.15】　螺距递增程序如下。

N10 G1 X50 Z10 F100 M3 S500　　　　（回到起点,启动主轴）

N20 G34 Z−20 F4 K 0.3　　　　　　　（起点的螺距为 4.0 mm,螺距递增值为
　　　　　　　　　　　　　　　　　　0.3 mm/r）

N30 G0 Z100　　　　　　　　　　　　（退刀）

N40 M30　　　　　　　　　　　　　　（程序结束）

【例 9.16】　螺距递减程序如下。

N10 G1 X50 Z10 F100 M3 S500　　　　（回到起点,激活主轴）

N20 G34 Z－20 F4 K －0.3　　　（起点的螺距为 4.0 mm,螺距递减值为 0.3 mm/r）

N30 G0 Z100　　　　　　　　（退刀）

N40 M30　　　　　　　　　　（程序结束）

9.8　圆柱插补

1.功能

在数控装置中,圆柱插补用角度指定的回转轴的移动量内部转换为沿外表面的直线轴的距离,以便能同其他轴一起完成直线插补或圆弧插补(见图 9.27)。

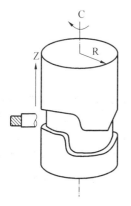

在插补完成后,这一距离又转换为回转轴的移动量。圆柱插补功能可以用圆柱体的展开面编程。因此诸如圆柱凸轮槽之类的程序能够非常容易地编制。

2.指令结构

G07.1 IP R

G07.1 IP 0

3.含义

G07.1 IP R:启动圆柱插补方式,即圆柱插补方式有效。

G07.1 IP 0:圆柱插补方式取消。

IP:回转轴地址。

R:圆柱体半径。

图 9.27　圆柱插补示意图

4.示例

【例 9.17】　图 9.28 所示为用圆柱插补方式加工的工件尺寸图,程序如下。

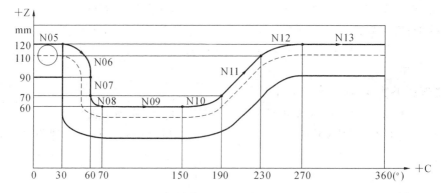

图 9.28　圆柱插补的工件尺寸图

N10 G90 G00 Z100.0 C0　　　　（快速抵达进刀位置）

N20 G91 G01 G18 Z0 C0　　　　（选择工件平面）

N30 G07.1 C60　　　　　　　　　　　（启动圆柱插补,工件半径为 60 mm）

N40 G90 G42 D01 G01 Z120.0 F250　（调用刀具半径补偿）

N50 C30.0

N60 G03 Z90.0 C60.0 R30.0　　　　（使用圆弧逆时针方向补偿）

N70 G01 Z70.0

N80 G02 Z60.0 C70.0 R10.0　　　　（使用圆弧顺时针方向补偿）

N90 G01 C150.0

N100 G02 Z70.0 C190.0 R75.0　　　（使用圆弧顺时针方向补偿）

N110 G01 Z110.0 C230.0

N120 G03 Z120.0 C270.0 R75.0　　　（使用圆弧逆时针方向补偿）

N130 G01 C360.0

N140 G40 Z100.0　　　　　　　　　　（取消调用刀具半径补偿）

N150 G07.1 C0　　　　　　　　　　　（取消圆柱插补）

N160 M30　　　　　　　　　　　　　　（程序结束）

5.使用圆柱补偿的基本规则

1）平面选择

为了指定平面选择的 G 指令,将旋转轴视为直线轴,作为基本坐标系的 3 个基准轴或这些轴的平行轴,在参数(Pm1265)中予以设定。例如,当旋转轴 C 轴为 X 轴的平行轴时,同时指定 G17、轴地址 C 和 Y,即可选择与 Y 轴之间的平面（XY 平面）。进行圆柱插补的旋转轴,仅可以设定一个。

2）圆弧插补

在圆柱插补方式中,可以指定直线插补和圆弧插补。另外,还可以指定绝对指令和增量指令。对于应用刀具半径补偿的程序指令,对于刀具半径补偿后的路径进行圆柱插补。轨迹插补完成后,通过转换关系将圆柱插补的插补点转换为实际机床各轴的位置来控制轴运动。

3）刀具补偿

圆柱插补功能必须在开启刀具半径补偿状态下启动。在开启圆柱插补方式后,再启动和取消刀具补偿。

9.9　极坐标插补

1.功能

数控装置极坐标插补功能是将轮廓控制由直角坐标系中编程的指令转换成一个直线轴运动（刀具的运动）和一个回转轴的运动（工件的回转）。这种方法常用于在车床上切削端面和磨削凸轮轴。

2.指令结构

G12.1

G13.1

3.含义

G12.1:启动极坐标插补方式。

G13.1:取消极坐标插补方式。

4.示例

【例 9.18】　图 9.29 所示为极坐标插补示例,程序如下。

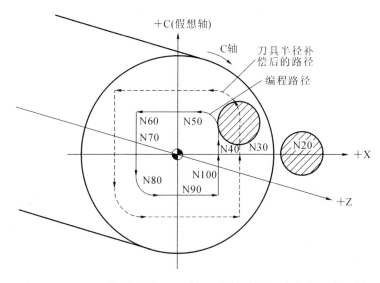

图 9.29　基于 X 轴(直线轴)和 C 轴(回转轴)的极坐标插补程序示例

N10 G0 X120 C0 Z－2　　　　　　　　　(快速抵达起始位置)

N20 G12.1　　　　　　　　　　　　　(开启极坐标插补)

N30 G42 G01 X40 F100　　　　　　　　(加入刀具半径补偿)

N40 C10

N50 G03 X20 C20 R10　　　　　　　　(逆时针方向圆弧插补)

N60 C01 X－40

N70 C－10

N80 G03 X－20 C－20 I10 J0　　　　　(逆时针方向圆弧插补)

N90 G01 X40

N100 C0

N110 G40 X120　　　　　　　　　　　(取消刀具半径补偿)

N120 G13.1　　　　　　　　　　　　　(取消极坐标插补)

N130 Z100　　　　　　　　　　　　　(Z轴退回到安全位置)

N140 M30　　　　　　　　　　　　　　(程序结束)

5.使用极坐标插补的基本规则

1）极坐标插补下的半径补偿

G12.1、G13.2 必须在 G40 状态下启动。在 G12.1 方式下，可以启动刀具半径补偿 G41、G42。

2）极坐标插补下轴的返回

极坐标插补方式下，进给轴不能回参考点。

3）极坐标插补下长度补偿

需在 G12.1 之前指定，在极坐标插补方式下，不允许改变偏置值。

4）极坐标插补时的圆弧插补

根据平面第 1 轴（直线轴）确定圆弧插补的圆弧半径。

（1）直线轴是 X 轴或 X 轴平行轴时，视为 XY 平面，用 I、J 指定。

（2）直线轴是 Y 轴或 Y 轴平行轴时，视为 YZ 平面，用 J、K 指定。

（3）直线轴是 Z 轴或 Z 轴平行轴时，视为 ZX 平面，用 K、I 指定。

9.10　坐标转换

在一个数控加工程序中，有时需要将原先选定的工件坐标系（或者"可设定的零点坐标系"）通过位移、旋转、镜像或缩放定位到另一个位置。这可以通过可编程的坐标转换进行，如图 9.30 所示。

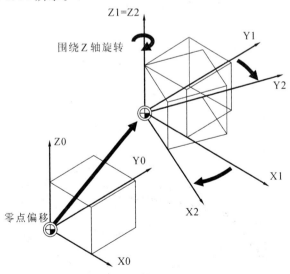

图 9.30　围绕 Z 轴的坐标系旋转

1.功能

可编程坐标转换指令在当前程序段中生效。这些指令附加或替换所有之前编程的坐标指令。坐标转换的类型如图 9.31 所示。

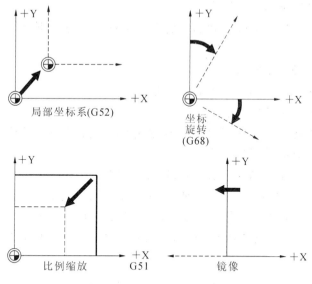

图 9.31　坐标转换的四种类型

9.10.1　局部坐标系

1.功能

使用 TRANS/ATRANS 可以为所有的轨迹轴和定位轴编程设定轴方向上的零点偏移。通过该功能可以使用变换的零点进行加工,如:可用于不同工件位置上的重复加工过程,如图 9.32、图 9.33 所示。

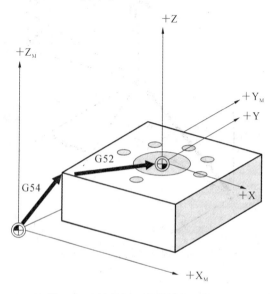

图 9.32　铣削加工中的局部坐标系

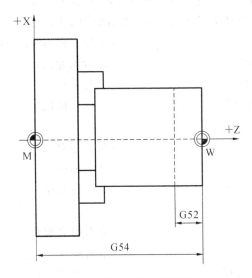

图 9.33　车削加工中的局部坐标系

2.指令结构

G52 X...Y...Z...

3.含义

G52 X...Y...Z...:设定几何轴方向上的偏移值。

G52 X0 Y0 Z0:取消设定的几何轴方向上的偏移。

4.示例

【例 9.19】　铣削图 9.34 中的重复图形。

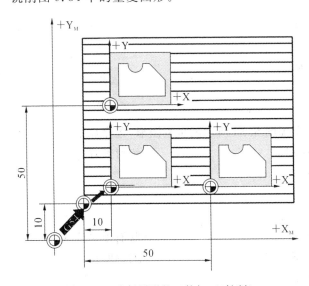

图 9.34　重复图形的工件加工(铣削)

如图 9.34 所示,该工件的形状在程序中多次出现。该形状的加工存储在子程序中。通过零点偏移设置所需的工件零点,然后调用子程序。

```
N10 G17 G54                    (工作平面 XY,工件零点)
N20 G0 X0 Y0 Z2                (运行到起点)
N30 G52 X10 Y10               (绝对偏移)
N40 M98 ＄ZCX.PRG             (子程序调用)
N50 Z2
N60 G52 X0 Y0                 (取消绝对偏移)
N70 G52 X50 Y10              (绝对偏移)
N80 M98 ＄ZCX.PRG            (子程序调用)
N90 G0 Z2
N100 G52 X0 Y0              (取消绝对偏移)
N110 G52 X50 Y10           (绝对偏移)
N120 M98 ＄ZCX.PRG         (子程序调用)
N130 G0 Z2
N140 G52 X0 Y0             (取消绝对偏移)
N150 G0 Z100
N160 M30                    (程序结束)
N10 G0 X0 Y0               (子程序:ZCX.PRG)
N20 G1 Z－5 F100
N30 X30
N40 Y10
N50 X22 Y20
N60 X18
N70 G2 X4 R8
N80 G1 X0
N90 Y0
```

【例 9.20】 车削图 9.35 所示的重复图形,程序如下。

```
N10 G52 X0 Z150              (绝对偏移)
N20 G0 X50 Z0
N30 G1 X0
N40 G0 X50
N50 G52 X0 Z0               (取消绝对偏移)
N60 G52 X0 Z140             (绝对偏移)
N70 G0 X50 Z0
N80 G1 X0
```

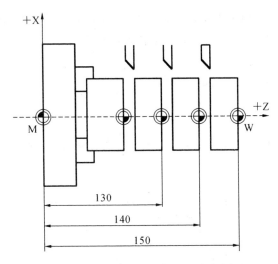

图 9.35　重复图形的工件加工(车削)

N90 G0 X50

N100 G52 X0 Z0　　　　　　　　　　　(取消绝对偏移)

N110 G52 X0 Z130　　　　　　　　　　(绝对偏移)

N120 G0 X50 Z0

N130 G1 X0

N140 G0 X50

N150 G52 X0 Z0　　　　　　　　　　　(取消绝对偏移)

N160 M30　　　　　　　　　　　　　　(程序结束)

其他信息

G52 X...Y...Z...

零点偏移为在给定的轴方向(轨迹轴、同步轴和定位轴)上编程的偏移值,以最后设定的可设置零点偏移(G54...G59,G54.1P1...G54.1P48)为基准。

9.10.2　可编程的坐标旋转

1.功能

允许插补平面上的坐标轴绕零件程序的基准点旋转。用旋转指令可将工件旋转某一指定的角度。另外,如果工件的形状由许多相同的图形组成,则可将图形单元编成子程序,然后用主程序的旋转指令调用。这样可简化编程,省时,省存储空间。

2.指令结构

G68 X...Y...Z...R...

G69

3.含义

G68:绝对旋转,使用工件坐标系设置并生效的工件零点在基准平面中旋转,坐标系旋转的角度(使用 G17、G18、G19 设定平面)可指定。

G69:取消坐标系旋转。

X...Y...Z...:围绕旋转的几何轴。

R:旋转的角度。

4.示例

【例 9.21】 在平面中旋转后加工工件,如图 9.36 所示,程序如下。

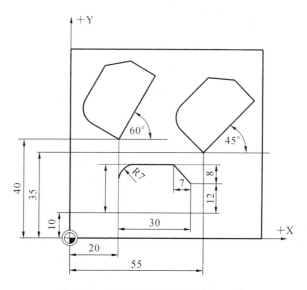

图 9.36　适用坐标系旋转的加工工件

N10 G17 G54	（工作平面 XY,工件零点）
N20 X0 Y0 Z10 M3 S1000	（快速抵达工作点上方）
N30 G52 X20 Y10	（使用局部坐标系）
N40 M98 $001.PRG	（调用子程序）
N50 G52 X0 Y0	（取消局部坐标系）
N60 G52 X55 Y35	（使用局部坐标系）
N70 G68 X0 Y0 R45	（使用坐标系旋转）
N80 M98 $001.PRG	（调用子程序）
N90 G69	（取消坐标系旋转）
N100 G52 X0 Y0	（取消局部坐标系）
N110 G52 X20 Y40	（使用局部坐标系）
N120 G68 X0 Y0 R60	（使用坐标系旋转）
N130 M98 $001.PRG	（调用子程序）

N140 G69　　　　　　　　　　　　（取消坐标系旋转）

N150 G52 X0 Y0　　　　　　　　　（取消局部坐标系）

N160 G0 Z100　　　　　　　　　　（Z 轴退刀到安全位置）

N170 M30　　　　　　　　　　　　（程序结束）

N10 G1 Z−5 F100　　　　　　　　（子程序:001.PRG）

N20 X30

N30 Y12

N40 X23 Y20

N50 X7

N60 G3 X0 Y12 R7

N70 G1 X0

N80 G0 Z10

9.10.3　可编程的缩放

1.功能

使用缩放功能可以为轨迹轴、同步轴和定位轴编程指定轴方向的缩放系数。这样就可以在编程时考虑到相似的几何形状或不同的收缩率,如图 9.37 所示。

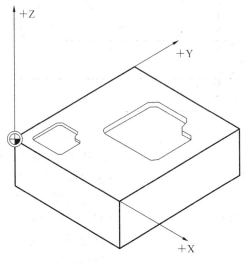

图 9.37　图形缩放

2.指令结构

G51 X...Y...Z...I...J...K...

或 G51 X...Y...Z...P...

　　⋮

G50

3.含义

G51:启动缩放。

X...Y...Z...:比例缩放中心坐标数据的绝对值。

I...J...K...:分别为所给定的几何轴方向上的比例系数,如I2J1.5K1 表示 X 轴放大 2 倍,Y 轴放大 1.5 倍,Z 轴维持不变。

P:所有轴为相同系数的缩放比例。

G50:取消缩放。

4.示例

【例9.22】 加工图9.38所示工件,程序如下。

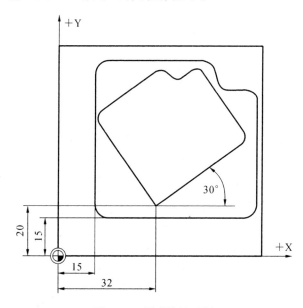

图 9.38 图形缩放示例

N10 G17 G54	（选择平面,确定工件坐标系）
N20 G0 X0 Y0 Z10	（快速抵达工件原点）
N30 G52 X15 Y15	（设定局部坐标系）
N40 M98 ＄002.PRG	（调用子程序）
N60 G52 X17 Y5	（设定局部坐标系）
N70 G68 X0 Y0 R30	（坐标系旋转30°）
N80 G51 X0 Y0 P0.7	（工件整体缩小0.7）
N90 M98 ＄002.PRG	（调用子程序）
N100 G50	（取消缩放）
N110 G69	（取消旋转）
N120 G52 X0 Y0	（取消局部坐标系）
N130 Z100	（Z轴快速移动离开工件）

N140 M30　　　　　　　　　（程序结束）

N10 G0 X0 Y0　　　　　　　（子程序:002. PRG）

N20 G1 Z－5 F100

N30 X50 F200 R5

N40 Y40 R5

N50 G1 X40

N60 G2 X35 Y45 R5

N70 G3 X30 Y50 R5

N80 G1 X0 R5

N90 Y5

N100 G3 X5 Y0 R5

N110 G0 Z10

N120 M99

5. 使用缩放时的注意事项

在使用缩放指令 G51 时有两种方式,第一种中使用 I、J、K,可对不同坐标轴方向设置不同的比例系数。例如在 G17 平面通过 I、J 可对 X、Y 进行比例系数缩放,如果 X、Y 中只对单个坐标轴进行缩放时,I、J 的值不可省略,不可为零。不缩放的轴 I、J 为 1。

在分析比例缩放程序时,要特别注意建立刀具补偿程序段的位置,刀补程序段应写在缩放程序内。比例缩放不会改变刀具半径补偿、长度补偿值。

要注意不同的比例系数,如圆弧插补只能用相同的系数缩放。

9.10.4　可编程的镜像

1. 功能

使用镜像功能可以将工件形状在坐标轴上进行镜像,如在子程序的运行将以镜像执行。

2. 指令结构

G51X... Y... Z... I... J... K... P...

或 G51X... Y... Z... P...

G50

3. 含义

G51:启动镜像功能。

X... Y... Z... :镜像位置。

I... J... K... :镜像轴。

P:坐标轴同时镜像。

4. 示例

【例 9.23】　铣削图 9.39 所示工件,使用镜像功能,程序如下。

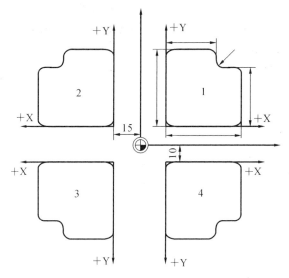

图 9.39　图形镜像示例（铣削）

这里显示的轮廓作为子程序编程。其他三个轮廓通过镜像加工。

N10 G17 G54　　　　　　　　　　　　　（确定工作平面，选择工件坐标系）

N20 M98 ＄002.PRG　　　　　　　　　（加工右上方的第一个轮廓）

N30 G51 X－15 I－1　　　　　　　　　（X 轴镜像（X 轴上反向））

N40 M98 ＄002.PRG　　　　　　　　　（加工左上方的第二个轮廓）

N50 G51 X15 Y－10 P－1　　　　　　（X、Y 轴同时镜像（X、Y 双轴上反向））

N60 M98 ＄002.PRG　　　　　　　　　（加工左下方的第三个轮廓）

N70 G51 Y－15 J－1　　　　　　　　　（Y 轴镜像（Y 轴上反向））

N80 M98 ＄002.PRG　　　　　　　　　（加工右下方的第四个轮廓）

N90 G50　　　　　　　　　　　　　　　（取消镜像）

N100 G0 Z100　　　　　　　　　　　　（Z 轴快速移动离开工件）

N110 M30　　　　　　　　　　　　　　（程序结束）

N10 G0 X0 Y0　　　　　　　　　　　　（子程序：002.PRG）

N20 G1 Z-5 F100

N30 X50 F200 R5

N40 Y40 R5

N50 G1 X40

N60 G2 X35 Y45 R5

N70 G3 X30 Y50 R5

N80 G1 X0 R5

N90 Y5

N100 G3 X5 Y0 R5

N110 G0 Z10

N120 M99

【**例 9.24**】　车削图 9.40 所示工件,程序如下。

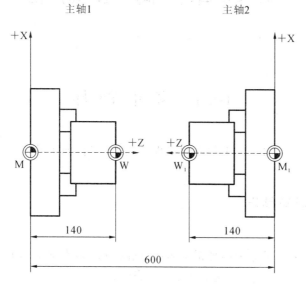

图 9.40　图形镜像示例(车削)

N10 G52 X0 Z140　　　　　　　　　(零点偏移到 W)

⋮　　　　　　　　　　　　　　　　　(加工主轴 1 上的工件)

N30 G51 X170 I—1　　　　　　　　(零点偏移到主轴 2,以两工件坐标点的

　　　　　　　　　　　　　　　　　中间点为工件的镜像轴进行镜像)

⋮　　　　　　　　　　　　　　　　　(加工主轴 2 上的工件)

第10章 简化编程

10.1 多重循环

固定循环功能可简化加工程序的编程。例如,用精加工的形状数据描绘粗加工的刀具轨迹。

10.1.1 粗车循环

1.功能

数控车床粗加工可分为两种粗车循环(见图10.1):类型Ⅰ和类型Ⅱ。

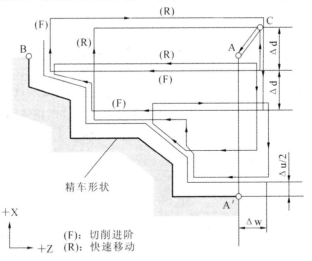

图10.1 粗车循环的加工轨迹

2.指令结构

G71 U (d) R (e) I (u) K(w) L...H...

G25 L

⋮

G26

3.含义

U:切削深度(直径/半径给定)。

R:退刀量(可选参数)。这是模态的。该值也可不编程,此时默认值由参数 1727 指定。

I:X 方向精加工余量的距离和方向(直径/半径指定)。

K:Z 方向精加工余量的距离和方向。

H:=1 或省略表示选择类型Ⅰ;=2 表示选择类型Ⅱ,带凹槽功能。

L:精车加工的轮廓号(1~100),其中轮廓程序从 G25L 开始,直至 G26 结束。

4.示例

【例 10.1】　类型Ⅰ:外轮廓。用外径粗加工复合循环指令编制零件(见图 10.2)的加工程序:切削深度为 1.5 mm(半径量)。退刀量为 1 mm,X 方向精加工余量为 0.5 mm,Z 方向精加工余量为 0.25 mm,其中双点画线部分为工件毛坯。程序如下。

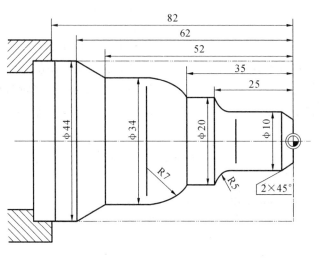

图 10.2　外轮廓加工图形尺寸

N10 G54 G00 X100 Z100　　　　　　　(选定坐标系 G54,到程序起点位置)

N20 T0101

N30 M03 S1000　　　　　　　　　　　(主轴以转速 1000 r/min 正转)

N40 G01 X46 Z3 F100　　　　　　　　(刀具到循环起点位置)

N50 G71 U1.5 R1 I0.5 K0.25 L2 F200

　　　　　　　　　　　　　　　　　　(粗切量为 1.5mm,精加工余量为 X 0.5 mm,Z0.25 mm)

N60 G25 L2　　　　　　　　　　　　　(精加工轮廓头)

N70 G00 X0　　　　　　　　　　　　　(精加工轮廓起始行,到倒角延长线)

N80 G01 X10 Z−2　　　　　　　　　　(精加工 2×45°倒角)

N90 Z−20　　　　　　　　　　　　　　(精加工 φ10 mm 外圆)

N100 G02 U10 W−5 R5　　　　　　　　(精加工 R5 mm 圆弧)

N110 G01 W—10	（精加工φ20 mm外圆）
N120 G03 U14 W—7 R7	（精加工R7 mm圆弧）
N130 G01 Z—52	（精加工φ34 mm外圆）
N140 U10 W—10	（精加工外圆锥）
N150 W—20	（精加工φ44 mm外圆，精加工轮廓结束行）
N160 X50	（退出已加工面）
N170 G26	（精加工轮廓尾）
N180 G70 L2	（精车循环）
N190 G00 X80 Z80	（回安全位置）
N200 M05	（主轴停）
N210 M30	（主程序结束并复位）

【**例 10.2**】　类型Ⅰ：内轮廓。用内径粗加工复合循环指令编制零件（见图10.3）的加工程序：切削深度为 1.5 mm（半径量），退刀量为 1 mm，X 方向精加工余量为 0.5 mm，Z 方向精加工余量为 0.25 mm，其中双点画线部分为工件毛坯。程序如下。

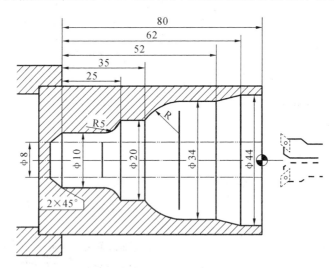

图 10.3　内轮廓加工图形尺寸

N10 G54 T0101	（换1号刀，确定其坐标系）
N20 G00 X80 Z80	（到程序起点或换刀点位置）
N30 M03 S1000	（主轴以转速 1000 r/min 正转）
N40 X6	
N50 Z5	（到循环起点位置）
N60 G71 U1 R1 I—0.5 K0.25 F100 L2	（粗切量为 1 mm，精加工余量为 X—0.5 mm、Z0.25 mm）

N70 G25 L2　　　　　　　　　　　　（精加工轮廓头）

N80 G00 X44　　　　　　　　　　　（精加工轮廓开始,到 φ44 mm 外圆处）

N90 G00 Z0

N10 G01 W－18 F80　　　　　　　　（精加工 φ44 mm 外圆）

N100 U－10 W－10　　　　　　　　（精加工外圆锥）

N110 W－10　　　　　　　　　　　（精加工 φ34 mm 外圆）

N120 G03 U－14 W－7 R7　　　　　（精加工 R7 mm 圆弧）

N130 G01 W－10　　　　　　　　　（精加工 φ20 mm 外圆）

N140 G02 U－10 W－5 R5　　　　　（精加工 R5 mm 圆弧）

N150 G01 Z－78　　　　　　　　　（精加工 φ10 mm 外圆）

N160 U－4 W－2　　　　　　　　　（精加工倒角,精加工轮廓结束）

N170 X4

N180 G26　　　　　　　　　　　　（精加工轮廓尾）

N190 G70 L2　　　　　　　　　　　（粗车循环结束）

N200 G00 Z100　　　　　　　　　　（退出工件内孔）

N210 X100　　　　　　　　　　　　（回程序起点或换刀点位置）

N220 M30　　　　　　　　　　　　（主轴停,主程序结束并复位）

使用类型Ⅱ情况:只要求平面第 1 轴必须是单调增加或减少的形状,例如:若选择 ZX 平面,Z 数据必须是单调增加或减少的。精车形状中有槽孔时,也就是沿 X 轴的外形轮廓不必单调递增,如图 10.4 所示。

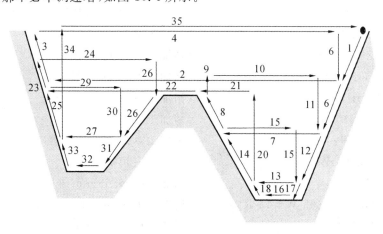

图 10.4　多个槽孔的切削路径(类型Ⅱ)

【例 10.3】　类型Ⅱ:有凹槽的外径粗加工。用复合循环指令编制零件(如图 10.5 所示)的加工程序,其中双点画线部分为工件毛坯。程序如下。

N10 T0101　　　　　　　　　　　（换 1 号刀,确定其坐标系)

N20 G00 X100 Z100　　　　　　　（到程序起点或换刀点位置)

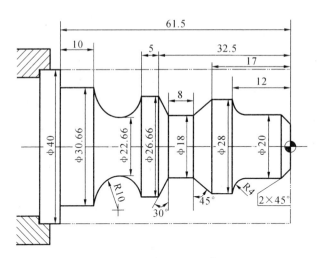

图 10.5　适用类型 Ⅱ 的工件图形

N30 M03 S1000　　　　　　　　　　（主轴以转速 1000 r/min 正转）

N40 G00 X42

N50 Z3　　　　　　　　　　　　　　（到循环起点位置）

N60 G71U1R1I0.5K0.25L2H2F100（H＝2 表示选择类型 Ⅱ，带凹槽功能）

N70 G25 L2　　　　　　　　　　　　（精加工轮廓头）

N80 G00 X10 W0　　　　　　　　　　（粗加工后，到换刀点位置）

N90 G00 Z3　　　　　　　　　　　　（精加工轮廓开始，到倒角延长线处）

N100 G01 X20 Z－2 F80　　　　　　　（精加工倒 2×45°角）

N110 Z－8　　　　　　　　　　　　　（精加工 φ20 mm 外圆）

N120 G02 X28 Z－12 R4　　　　　　　（精加工 R4 mm 圆弧）

N130 G01 Z－17　　　　　　　　　　（精加工 φ28 mm 外圆）

N140 U－10 W－5　　　　　　　　　　（精加工下切锥）

N150 W－8　　　　　　　　　　　　　（精加工 φ18 mm 外圆槽）

N160 U8.66 W－2.5　　　　　　　　　（精加工上切锥）

N170 Z－37.5　　　　　　　　　　　（精加工 φ26.66 mm 外圆）

N180 G02 X30.66 W－14 R10　　　　　（精加工 R10 mm 下切圆弧）

N190 G01 W－10　　　　　　　　　　（精加工 φ30.66 mm 外圆）

N200 X40

N210 G26　　　　　　　　　　　　　（精加工轮廓结束）

N220 G70 L2　　　　　　　　　　　　（精车循环）

N220 G00 X100 Z100　　　　　　　　（返回换刀点位置）

N230 M30　　　　　　　　　　　　　（主轴停，主程序结束并复位）

5.类型Ⅰ和类型Ⅱ的区别

重复部分的第一个程序段中只规定一个轴为类型Ⅰ。

重复部分的第一个程序段中规定两个轴为类型Ⅱ。

当第一个程序段不包含 Z 运动而用类型Ⅱ时,必须指定 W0。

如类型Ⅰ	如类型Ⅲ
N03 G71 U10 R5 I2 K2 L2 F200	N03 G71 U10 R5 I2 K2 L2 F200
N04 G25 L2	N04 G25 L2
N05 X(U)...	N05 X(U)...Z(W)...
⋮	⋮
N20 G26	N20 G26

10.1.2 端面粗车

1.功能

端面粗车是由平行于 X 轴的切削快速去除端面余量,该循环与 G71 完全相同,如图 10.6 所示。

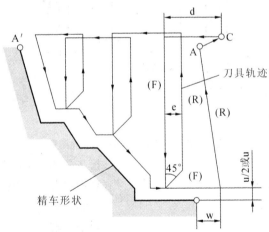

图 10.6 端面粗车循环的加工轨迹

2.指令结构

G72 W (d) R (e) I (u) K (w) L...

G25 L...

⋮

G26

3.含义

W:切削深度(半径给定)。

R:退刀量(可选参数),为模态。该值也可不编程,此时默认值由参数 1727 指定。

I:X 方向精加工余量的距离和方向(直径/半径指定)。

K:Z 方向精加工余量的距离和方向。

L:精车加工的轮廓号。

轮廓程序从 G25L_开始,直至 G26 结束。

4.示例

【例 10.4】 示例 1:外轮廓。编制如图 10.7 所示零件的加工程序:切削深度为 1.2 mm,退刀量为 1 mm,X 方向精加工余量为 0.2 mm,Z 方向精加工余量为 0.5 mm,其中双点画线部分为工件毛坯。程序如下。

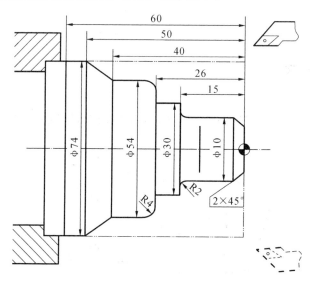

图 10.7　外轮廓端面加工工件图形

N10 T0101	(换 1 号刀,确定其坐标系)
N20 G00 X100 Z100	(到程序起点或换刀点位置)
N30 M03 S1000	(主轴以转速 1000 r/min 正转)
N40 X80 Z1	(到循环起点位置)
N50 G72 W1.2 R1 I0.2 K0.5 L2 F100	(外端面粗切循环加工)
N60 G25 L2	(精加工轮廓头)
N70 G0 Z−60	
N80 G1 X74 F80	(精加工轮廓开始,到锥面延长线处)
N90 Z−50	(精加工 φ74 mm)
N100 G01 X54 Z−40	(精加工锥面)
N110 Z−30	(精加工 φ54 mm 外圆)
N120 G02 U−8 W4 R4	(精加工 R4 mm 圆弧)
N130 G01 X30	(精加工 Z26 处端面)
N140 Z−15	(精加工 φ30 mm 外圆)

N150 U-16   （精加工 Z15 处端面）

N160 G03 U-4 W2 R2   （精加工 R2 mm 圆弧）

N170 G1 Z-2   （精加工 φ10 mm 外圆）

N180 U-6 W3   （精加工倒角）

N190 G00 Z5

N200 G26   （精加工轮廓结束）

N210 G70 L2   （精车循环）

N220 G00 X100 Z100   （返回程序起点位置）

N230 M30   （主轴停,主程序结束并复位）

【例 10.5】 内轮廓。加工图 10.8 所示工件,程序如下。

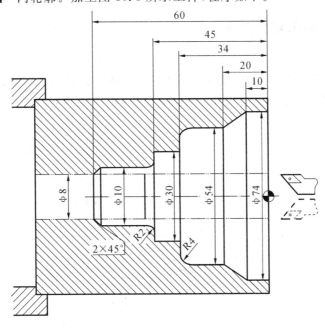

图 10.8 内轮廓端面加工工件图形

N10 G54 G00 X100 Z10   （设立坐标系,定义对刀点的位置）

N20 M03 S1000   （主轴以转速 1000 r/min 正转）

N30 G00 X6 Z3   （到循环起点位置）

N40 G72 W1.2 R1 I-0.2 K0.5 L2 F100   （内端面粗切循环加工）

N50 G25 L2   （精加工轮廓头）

N60 G00 Z-60   （精加工轮廓开始）

N70 G01 U4 W2 F80   （精加工倒角）

N80 W11   （精加工 φ10 mm 外圆）

N90 G03 U4 W2 R2   （精加工 R2 mm 圆弧）

N100 G01 X30   （精加工 Z45 处端面）

N110 Z－34   （精加工φ30 mm 外圆）

N120 X46   （精加工 Z34 处端面）

N130 G02 U8 W4 R4   （精加工 R4 mm 圆弧）

N140 G01 Z－20   （精加工φ54 mm 外圆）

N150 U20 W10   （精加工锥面）

N160 Z3   （精加工φ74 mm 外圆）

N170 G26   （精加工轮廓结束）

N180 G70 L2   （精车循环）

N190 G00 X100 Z100   （返回对刀点位置）

N200 M30   （主轴停、主程序结束并复位）

10.1.3　型车复合循环

1.功能

型车复合循环指令可以车削固定的图形。这种切削循环可以有效地切削铸造成型、锻造成型或已粗车成型的工件,如图 10.9 所示。

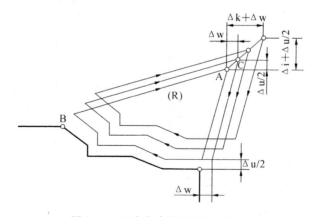

图 10.9　型车复合循环的加工轨迹

2.指令结构

G73 U (Δi) W (Δk) R (d) I (Δu) K (Δw) L...

G25 L...

⋮

G26

3.含义

U:X 轴上的退刀总量(正负号表示方向)。

W:Z 轴上的退刀总量(正负号表示方向)。

R:循环的起始点到工件表面的加工次数(分割数)。

I:X 方向精加工余量的距离和方向(直径/半径指定)。

K：Z 方向精加工余量的距离和方向。

L：精车加工的轮廓号。

其中轮廓程序从 G25L... 开始，直至 G26 结束。

4．示例

【例 10.6】　编制图 10.10 中工件的加工程序：X、Z 方向粗加工余量分别为 3 mm、0.9 mm；粗加工次数为 3；X、Z 方向精加工余量分别为 0.6 mm、0.1 mm。

其中双点画线部分为工件毛坯。程序如下。

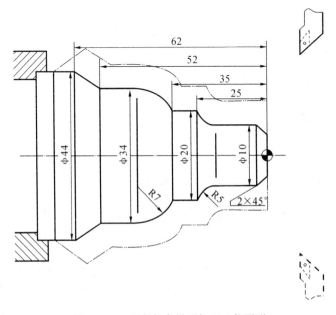

图 10.10　型车复合循环加工工件图形

N10 G54 G00 X100 Z100	（选定坐标系，到程序起点位置）
N20 M03 S1000	（主轴以转速 1000 r/min 正转）
N30 G00 X60 Z5	（到循环起点位置）
N40 G73 U3 W0.9 R3 I0.6 K0.1 L1 F120	（闭环粗切循环加工）
N50 G25 L1	（精加工轮廓头）
N60 G00 X0 Z3	（精加工轮廓开始，到倒角延长线处）
N70 G01 U10 Z−2 F80	（精加工倒角）
N80 Z−20	（精加工 φ10 mm 外圆）
N90 G02 U10 W−5 R5	（精加工 R5 mm 圆弧）
N100 G01 Z−35	（精加工 φ20 mm 外圆）
N110 G03 U14 W−7 R7	（精加工 R7 mm 圆弧）
N120 G01 Z−52	（精加工 φ34 mm 外圆）
N130 U10 W−10	（精加工锥面）

N140 U10　　　　　　　　　　　　　（退出已加工表面）

N150 G26　　　　　　　　　　　　　（精加工轮廓结束）

N160 G70 L1　　　　　　　　　　　 （精车循环）

N170 G00 X80 Z80　　　　　　　　　（返回程序起点位置）

N180 M30　　　　　　　　　　　　　（主轴停，主程序结束并复位）

10.1.4　精车循环

1.功能

用 G71、G72 或 G73 指令粗加工后，用 G70 指令实现精加工。

2.指令结构

G70 L...

3.含义

G70：指定精加工。

L：精车加工的轮廓号。

4.使用方法

G70 L... 在之前 G71、G72、G73 相关程序示例中均有使用。

10.1.5　端面啄式深孔钻/Z 向切槽循环

1.功能

对端面进行啄式加工，用于工件端面加工环形槽或中心深孔，轴向断续切削起到断屑、及时排屑的作用，如图 10.11 所示。当不指定 X 轴增量时，该指令可用做单步深孔钻工步。

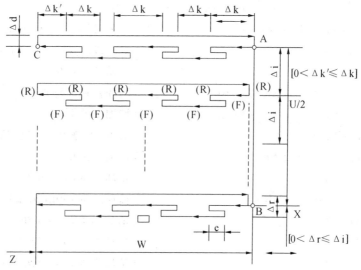

图 10.11　端面啄式深孔钻/Z 向切槽循环的加工轨迹

2.指令结构

G74 X(U) Z(W) K(△d) H(e) P(△i) Q(△k) F...

3.含义

以图 10.11 为例。

X(U)：X 轴方向的进给量（B 点值），若指定 U 则为图中 A 到 B 的增量，当只进行单孔钻时不指定该值。

Z(W)：Z 轴方向的进给量（C 点值），若指定 W 则为图中 A 到 C 的增量，当深孔钻循环时为孔底位置。

K(△d)：刀到达底部的退刀量，该退刀方向不带符号，总与 Z 轴向进给方向相反，该值也可不编程，此时默认值由参数 0627 指定。如为单孔钻，在不指定 X 的情况下，退刀方向为 Z 轴正向退刀。

H(e)：回退量，该值是模态的。

P(△i)：X 轴方向循环每次进给量（不带符号）。

Q(△k)：Z 轴方向每次切削深度（不带符号）。

F：进给速度。

$\Delta i'$：最后一次进给量不足 Δi 时的进给量。

$\Delta k'$：最后一次切削深度不足 Δk 时的切削深度。

4.示例

【例 10.7】　编制图 10.12 所示加工的程序。

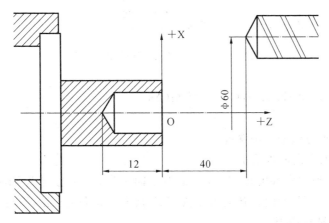

图 10.12　端面钻孔的加工

　N10 G54 G00 X60 Z40　　　　　　　（选定坐标系，到程序起点位置）

　N20 M3 S800　　　　　　　　　　　（主轴以转速 800 r/min 正转）

　N30 G00 X0 Z2　　　　　　　　　　（到循环起点位置）

　N40 G74 Z−12 K0 H2 Q2 F30　　　　（端面啄式深孔钻）

　N50 G00 X60 Z40　　　　　　　　　（循环结束后退回起点）

N60 M30   （主轴停，主程序结束并复位）

10.1.6　内/外径钻循环

1.功能

对 X 轴方向进行啄式加工，用于加工径向环形槽或圆柱面，径向断续切削，起到断屑、及时排屑的作用，如图 10.13 所示。除 X 用 Z 代替外，此与 G74 指令的功能相同，在本循环可处理断削，可在 X 轴切槽及 X 轴啄式钻孔。

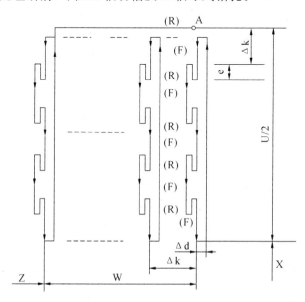

图 10.13　内/外径钻循环的加工轨迹

2.指令结构

G75 X(U)Z(W)K(△d)H(e)P(△i)Q(△k)F...

3.含义

X(U)：X 轴方向的切削深度。

Z(W)：Z 轴方向的进给量。

K(△d)：刀到达底部的退刀量，该退刀方向不带符号，总与 X 轴向进给方向相反，该值也可不编程，此时默认值由参数 0527 指定。如为单孔钻，不指定 Z 的情况下退刀方向为 X 轴正向退刀。

H(e)：回退量，该值是模态的。

P(△i)：Z 轴方向循环每次进给量(不带符号)，单孔钻时该值不指定。

Q(△k)：X 轴方向每次切削深度(不带符号)。

F：进给速度。

4.示例

【**例 10.8**】　编制图 10.14 所示加工的程序。

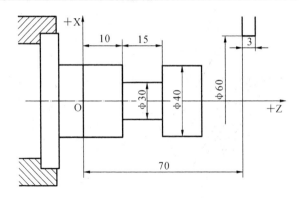

图 10.14　外径切槽的加工

N10 G50 X60 Z70	（选定坐标系,到程序起点位置）
N20 M3 S800	（主轴以转速 800 r/min 正转）
N30 G00 X42 Z22	（到循环起点位置）
N40 G75 X30 Z10 K0 H2 P3 Q2 F30	（内/外径钻循环）
N50 G00 X60 Z70	（循环结束后退回起点）
N60 M30	（主轴停,主程序结束并复位）

10.1.7　螺纹切削复合循环

1.功能

螺纹切削循环的工艺性比较合理,编程效率较高,螺纹切削循环路线及进刀方向直观,如图 10.15、图 10.16 所示。

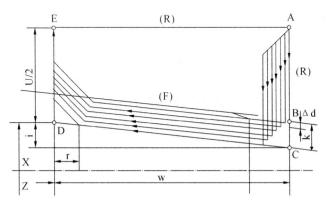

图 10.15　螺纹切削复合循环的加工轨迹

2.指令结构

G76 P(m)(r)(a) Q(Δd_{min}) R(d)

G76 X(u) Z(w) R(i) P(k) Q(Δd) F(L)

或

G76 X(u) Z(w) R(i) P(k) Q(Δd) E(L)

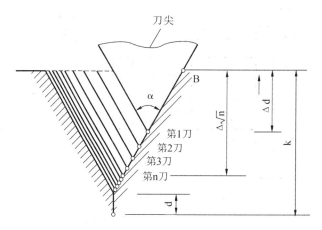

图 10.16　螺纹切削时的进刀方式

3.含义

m:精加工重复次数(1～99),既可用 0522 号参数设定,也可用程序改变。

r:倒角量,用两位数,从 00～99 表示(其单位为 0.1L,L 为螺距),既可用 0623 号参数设定,也可用程序指令改变。

a:刀尖角度,可以选择 00～99,由 2 位数规定,单位:(°)。既可用参数 0626 设定,也可用程序指令改变。m、r 和 a 都是模态的,用地址 P 同时指定。

当 m＝2,r＝1.2L,a＝60,指定如下(L 为螺距)。

P02　12　60
 |　 |　 |
 m　r　a

Δd_{min}:最小切深(用半径值指定)。

当一次循环运行$(\Delta d - \Delta d-1)$的切深小于此值时,切深箝在此值。该值是模态的,可用 0624 号参数设定,也可用程序指令改变。

d:精加工余量。该值是模态的,可用 0625 号参数设定,也可用程序指令改变。

i:螺纹半径差。如果 i＝0,可以进行普通直螺纹切削。

K:螺纹高,这个值用半径值规定。

Δd:第一刀切削深度(半径值)。

F:表示米制。

E:表示英制。

L:螺距(同 G33)。

4.示例

【例 10.9】　编制图 10.17 所示工件的加工程序:精加工次数为 1 次,倒角量为 0.5 mm,刀尖为 60°,最小切深取 0.1 mm,精加工余量取 0.1 mm,螺纹高度为 2.6 mm,第一次切深取 0.7 mm,螺距为 2 mm。程序如下。

N10 T0202　　　　　　　　　　　　　　　(换 2 号刀,确定其坐标系)

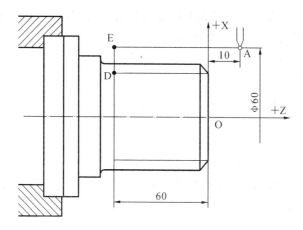

图 10.17　螺纹加工循环的工件图形

N20 M03 S300　　　　　　　　　　（主轴以转速 300 r/min 正转）

N30 G00 X65 Z10　　　　　　　　　（到螺纹循环起点位置）

N40 G76 P1 0.5 60 Q0.1 R0.1

N50 G76 X57.4 Z−60 R0 P1.3 Q0.7 F2

N60 G00 X100 Z100　　　　　　　　（返回程序起点位置或换刀点位置）

N70 M05　　　　　　　　　　　　　（主轴停）

N80 M30　　　　　　　　　　　　　（主程序结束并复位）

10.1.8　多重循环的注释

数控装置在使用 G70～G76 指令时应注意以下几点。

（1）在指令的多重循环的程序段中，应当正确的指定 U、W、I、K、R 值及以 G25、G26 所标志的轮廓程序的范围。

（2）MDI 下不能使用 G70、G71、G72、G73 指令，否则将报错。

（3）G70、G71、G72、G73 的轮廓程序段（G25、G26 之间程序段）中不能使用 M98、M99 指令（子程序调用）。

（4）轮廓程序段中只能出现 G00、G01、G02、G03、G04、G91、G90 指令，不能出现 M 指令。

（5）刀尖半径补偿不能在 G71、G72、G73、G74、G75、G76 指令中使用。

10.2　固定循环

10.2.1　内/外径切削循环

固定循环使编程变得容易。使用固定循环，可以使一些频繁的固定加工操作用

G指令在单程序段中指定。如果没有固定循环,这样的操作一般要求编程多个程序段。另外,固定循环能够使程序短小、精炼。

1.直内/外径切削

1)指令结构

G77 X(U)... Z(W)...F...

2)含义

如图10.18所示:

X表示垂直方向数据(U表示垂直增量);

Z表示水平方向数据(W表示水平增量);

F表示切削进给速度。

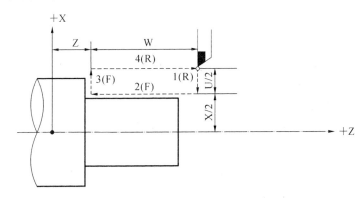

图10.18　直内/外径切削循环

2.锥形切削循环

1)指令结构

G77 X(U)Z(W)R...F...

2)含义

如图10.19所示:

X表示垂直方向数据(U表示垂直增量);

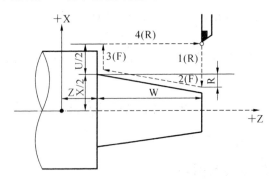

图10.19　锥形切削循环

Z 表示水平方向数据（W 表示水平增量）；

R 表示锥形斜面高度（带正负号）；

F 表示切削进给速度。

在增量编程中，地址 U、W、R 均区分正负号，因此三个指定值的正负号选择如图 10.20 所示。

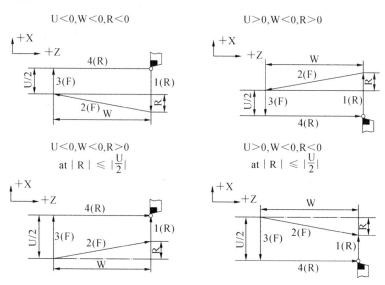

图 10.20 增量方式编程的运动轨迹

10.2.2 螺纹切削循环

1.直螺纹切削循环

1）指令结构

G78 X(U)Z(W)F(E)Q...L...

2）含义

如图 10.21 所示：

X 表示垂直方向数据（U 表示垂直增量）；

Z 表示水平方向数据（W 表示水平增量）；

F 表示米制螺纹螺距；

E 表示英制螺纹螺距；

Q 表示螺纹起始角度；

L 表示多头螺纹指定头数。

2.锥螺纹切削循环

1）指令结构

G78 X(U)Z(W)R...F(E)Q...

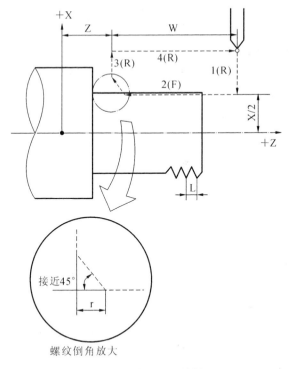

图 10.21　直螺纹切削循环

2）含义

如图 10.22 所示：

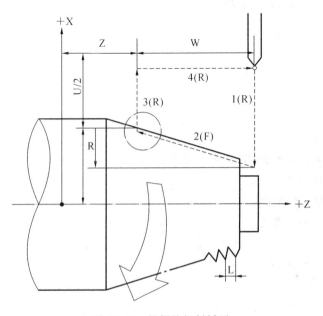

图 10.22　锥螺纹切削循环

X 表示垂直方向数据(U 表示垂直增量);

Z 表示水平方向数据(W 表示水平增量);

R 表示锥形斜面高度(带正负号);

F 表示米制螺纹螺距;

E 表示英制螺纹螺距;

Q 表示螺纹起始角度。

10.2.3　端面车削循环

1.端面车削循环

1)指令结构

G79 X(U)Z(W)F...

2)含义

如图 10.23 所示:

X 表示垂直方向数据(U 表示垂直增量);

Z 表示水平方向数据(W 表示水平增量);

F 表示切削进给速度。

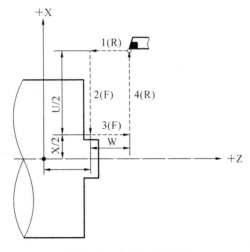

图 10.23　端面车削循环

2.锥面车削循环

1)指令结构

G79 X(U)Z(W)R...F...

2)含义

如图 10.24 所示:

X 表示垂直方向数据(U 表示垂直增量);

Z 表示水平方向数据(W 表示水平增量);

R 表示锥形斜面高度(带正负号);

F 表示切削进给速度。

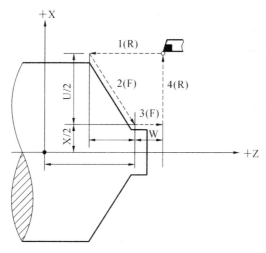

图 10.24 锥面车削循环

在增量编程中,地址 U 和 W 后面数值的符号取决于轨迹 1 和轨迹 2 的方向,即轨迹的方向是在 Z 轴的负方向,W 值是负的,参见图 10.25。

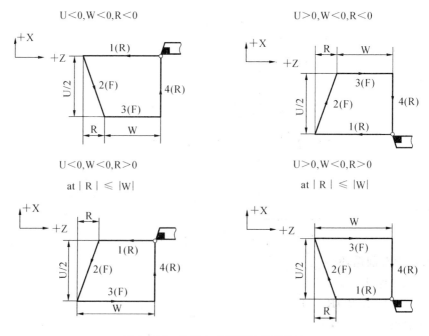

图 10.25 增量方式编程的运行轨迹

10. 2. 4　固定切削循环

数控装置提供的固定循环功能还有以下一些。

- G81：钻孔固定循环。
- G82：带有停顿的钻孔固定循环。
- G83：钻深孔（断屑）固定循环。
- G84：右旋攻丝固定循环。
- G85：镗孔不停顿，进给速度退出固定循环。
- G86：镗孔主轴停，快速退出固定循环。
- G86.1：精镗孔固定循环。
- G87：背镗孔固定循环。
- G88：镗孔主轴停转，手动退出固定循环。
- G89：镗孔停顿，进给速度退出循环。

所有的固定循环都是模态的，即从编入固定循环的那个程序段开始，固定循环指令生效且一直保持有效状态，直到该固定循环指令被 G80、G01、G02、G03、M02、M30指令或其他固定循环指令及"RESET"或"急停"信号撤销。

所有的固定循环都是沿深度控制轴运行的。

固定循环可以在任何平面上进行，深度控制功能是指在垂直于该平面的轴向发生的。

固定循环的作用范围：固定循环一旦定义，那么其后所有的，直到该固定循环被撤销以前的程序段都是该固定循环的作用范围。也就是说，每次执行一个坐标轴运动的程序段，该固定循环对应的切削将自动进行。

固定循环作用范围内的程序段的结构与普通程序段相同，但在程序段的末尾可增加 L 参数，表示该程序段的重复执行次数。

一种固定循环维持有效时，如果编制了无位移运动的程序段，则该程序段动作完成后不执行固定循环对应的切削（除了定义固定循环的程序段）。

如果希望改变任一参数（Z，I，J，K）后继续执行同一种固定循环，该循环必须重新定义。

撤销固定循环有以下方法。

（1）在程序段中编入 G80 指令，撤销任何有效的固定循环。

（2）定义一个新的固定循环，撤销并代替别的有效的固定循环。

（3）所有的固定循环都可被 M02、M30 指令或"RESET"及紧急停止信号撤销。

（4）所有的固定循环都可被指定平面指令（G17、G18、G19）撤销。

需考虑的事项如下。

（1）可以在一个标准子程序或参数子程序内定义一个固定循环。

（2）在固定循环作用范围内调用标准子程序或宏程序，但被调用的子程序内不能含有撤销该固定循环的程序段。

（3）固定循环的执行既不影响原先的 G 指令的有效性，也不影响主轴的旋转方向。一个固定循环可以以主轴任一旋转方向开始（M03 或 M04），也以主轴同一转向结束，不受固定循环内部的主轴启动、停止的影响。

（4）定义一个固定循环，就撤销了刀具半径补偿，在这一点上，它与 G40 指令相当。

（5）在定义一个固定循环的程序段中，如果在固定循环 G 指令后再编入 G00 或 G01 中任一个，则该固定循环指令被撤销。

在 G81～G89 指令示例中，将针对各 G 指令的功能动作详细介绍。

10.2.5　钻孔循环

1.功能

该循环用做正常钻孔。切削进给执行到孔底，然后刀具从孔底快速移动退回，参见图 10.26。

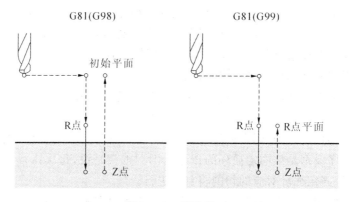

图 10.26　钻孔循环

2.指令结构

G81 X... Y... Z... R... L... F...

3.含义

X、Y:孔位数据。

Z:孔底的位置。

R:R 点位置。

L:重复次数（如果需要的话）。

F:切削进给速度。

4.示例

【例 10.10】　图 10.27 所示钻孔循环运动方式，程序如下。

N10 M3 S100　　　　　　　　（主轴顺时针方向旋转）

N20 Z50　　　　　　　　　　（Z 轴快速抵达坐标上方 50 mm 处）

N30 X0 Y0　　　　　　　　　（快速移动到 X、Y 坐标点）

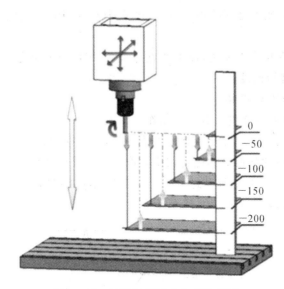

图 10.27　钻孔循环运动方式示意图

N40 G81 X0 Y0 Z−50 R0 F1000　（钻孔循环 Z 轴第 1 深度−50 mm，进给 1000
　　　　　　　　　　　　　　　　　mm/min）

N50 Z−100　　　　　　　　　（Z 轴第 2 深度−50 mm）

N60 Z−150　　　　　　　　　（Z 轴第 3 深度−50 mm）

N70 Z−200　　　　　　　　　（Z 轴第 4 深度−50 mm）

N80 G80　　　　　　　　　　（取消钻孔循环）

N90 M5　　　　　　　　　　 （主轴停转）

N100 M30　　　　　　　　　 （程序结束并复位）

刀具作如下的运动。

（1）沿着 X 和 Y 轴定位后快速移动到 R 点。

（2）以当前进给速度从 R 点到 Z 点执行钻孔加工。

（3）刀具以快移速度退回到退刀平面（退刀平面由 G98 或 G99 决定）。

10.2.6　切割功能

1.功能

当进行轮廓磨削时，切割功能可用来磨削工件的侧面。通过本功能，在磨削轴
（有磨轮的轴）垂直移动时，可执行轮廓程序，促使沿其他轴运行。有两类切割功能：
由程序指定的切割功能和利用信号输入的切割功能。

2.指令结构

G81.1 Z... Q... R... F...

3.含义

Z：上死点位置（工件坐标系值，对除 Z 轴外的轴，指定该轴地址）。

Q：上死点和下死点之间的距离（以上死点为基准，用增量值指定。增量值小于零）。

R：从上死点到 R 点的距离（以上死点为基准，用增量值指定。增量值大于零）。

F：切割时的进给速度。

切割功能取消用 G80 指令。

4.上死点和下死点变更后的切割动作

在切割动作过程中，上死点或下死点改变时，刀具移动到由变更前的数据指定的位置，然后以变更后的数据继续进行切割动作。以下描述数据变更后的切割动作。

（1）从上死点向下死点移动过程中上死点改变时，刀具首先向下死点移动，然后向变更后的上死点移动，如图 10.28 所示。

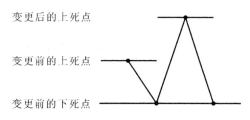

图 10.28　上死点→下死点（上死点改变）

（2）从上死点向下死点移动过程中下死点改变时，刀具首先向变更前的下死点移动，然后向上死点移动，最后向变更后的下死点移动，如图 10.29 所示。

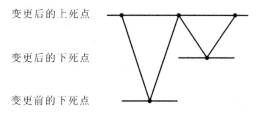

图 10.29　上死点→下死点（下死点改变）

（3）从下死点向上死点移动过程中上死点改变时，刀具首先向变更前的上死点移动，然后向下死点移动，最后向变更后的上死点移动，如图 10.30 所示。

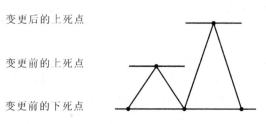

图 10.30　下死点→上死点（上死点改变）

（4）从下死点向上死点移动过程中下死点改变时，刀具首先向上死点移动，然后向变更后的下死点移动，如图 10.31 所示。

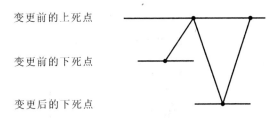

图 10.31　下死点→上死点(下死点改变)

10.2.7　钻孔和锪镗循环

1.功能

该循环用做正常钻孔。切削进给执行到孔底,执行暂停,然后刀具从孔底快速移动退回,参见图 10.32。

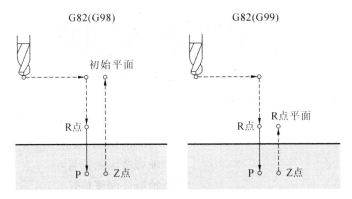

图 10.32　钻孔和锪镗循环

2.指令结构

G82 X... Y... Z... R... P... L... F...

3.含义

X、Y:孔位数据。

Z:孔底的位置。

R:R 点位置。

P:在孔底暂停时间。

L:重复次数(如果需要的话)。

F:切削进给速度。

4.示例

【例 10.11】　图 10.33 所示为钻孔和锪镗循环运动方式,程序如下。

N10 M3 S100　　　　　　　　　　(主轴顺时针方向旋转)

N20 G00 Z50　　　　　　　　　　(Z 轴快速抵达坐标上方 50 mm 处)

N30 X0 Y0　　　　　　　　　　　(快速移动到 X、Y 坐标点位置)

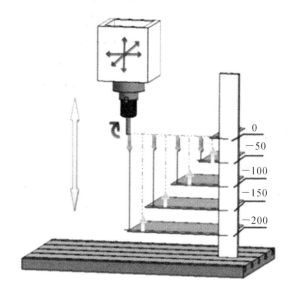

图 10.33　钻孔和锪镗循环运动方式示意图

N40 G82 X0 Y0 Z－50 R0 P1 F1000（钻孔循环 Z 轴第 1 深度－50 mm,安全平面为 0 mm 处,在孔底暂停 1 s,进给为 1000 mm/min）

N50 Z－100	（Z 轴第 2 深度位置）
N60 Z－150	（Z 轴第 3 深度位置）
N70 Z－200	（Z 轴第 4 深度位置）
N80 G80	（取消钻孔循环）
N90 M5	（主轴停转）
N100 M30	（程序结束并复位）

刀具做如下的运动。

（1）沿着 X 和 Y 轴的定位快速移动到 R 点。

（2）以当前进给速度从 R 点到 Z 点,执行钻孔加工。

（3）暂停 P 秒。

（4）刀具以快移速度退回到退出点。

10.2.8　深钻孔循环

1.功能

该循环执行钻深孔。间歇切削进给到孔的底部,钻孔过程中从孔中排除切屑。

根据指令格式的不同,分为排屑深钻孔和断屑深钻孔。Q 参数指定 Z 轴的渐进增量。图 10.34 所示为深钻孔循环动作流程。

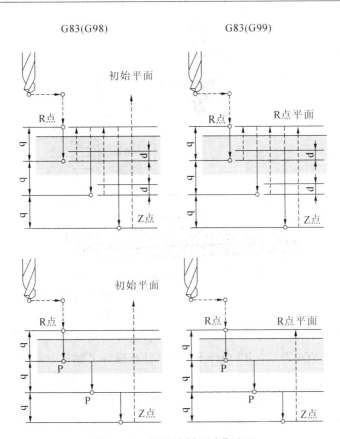

图 10.34　深钻孔循环动作流程

2.指令结构

排屑深钻孔指令格式：

G83 X...Y...Z...R...Q...L...F...

断屑深钻孔指令格式：

G83 X...Y...Z...R...P...Q...L...F...

3.含义

X、Y:孔位数据。

Z:孔底的位置。

R:R 点位置。

Q:每次切削进给的切削深度（增量）。

P:暂停时间。

L:重复次数（如果需要的话）。

F:切削进给速度。

4.示例

【例 10.12】　图 10.35 所示为深钻孔循环运动方式,程序如下。

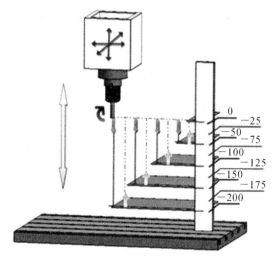

图 10.35　深钻孔循环运动方式示意图

N10 M3 S100　　　　　　　　　　（主轴顺时针方向旋转）

N20 G00 Z50　　　　　　　　　　（Z轴快速抵达坐标上方 50 mm 处）

N30 X0 Y0　　　　　　　　　　　（快速移动到 X、Y 坐标点位置）

N40 G83 X0 Y0 Z－50 R0 Q25 F1000 （钻孔循环 Z 轴第 1 深度－50 mm，安全
　　　　　　　　　　　　　　　　平面为 0 mm，每次切削进给的切削深度
　　　　　　　　　　　　　　　　为 25 mm（增量））

N50 Z－100　　　　　　　　　　 （Z轴第 2 深度－50 mm）

N60 Z－150　　　　　　　　　　 （Z轴第 3 深度－50 mm）

N70 Z－200　　　　　　　　　　 （Z轴第 4 深度－50 mm）

N80 G80　　　　　　　　　　　　（取消钻孔循环）

N90 M5　　　　　　　　　　　　 （主轴停转）

N100 M30　　　　　　　　　　　 （程序结束并复位）

刀具做如下的运动。

（1）预运动，沿着 X 和 Y 轴的定位快速移动到 R 点。

（2）Z 轴以当前进给速度继续向下加工深度 Q，或者加工到位置 Z，取二者中浅的位置。

（3）快速退回到退出点。

（4）快速前进到已加工面深度上方 d 点的位置。

（5）重复步骤（2）、（3）、（4），直到达到位置 Z。

10.2.9　攻丝循环

1.功能

该循环执行攻丝。在攻丝循环中，当到达孔底时，主轴以反方向旋转退回，如图 10.36 所示。

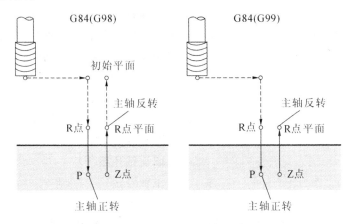

图 10.36　攻丝循环

2.指令结构

G84 X...Y...Z...R...L...F...

3.含义

X、Y:孔位数据。

Z:孔底的位置。

R:R 点位置。

L:重复次数(如果需要的话)。

F:切削进给速度。

4.示例

【例 10.13】　图 10.37 所示为攻丝循环运动方式,程序如下。

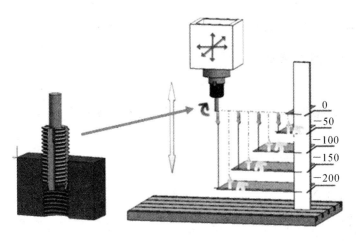

图 10.37　攻丝循环运动方式示意图

N10 M3 S50　　　　　　　　　　　　(主轴顺时针方向旋转)

N20 G00 Z50 　　　　　　　　　　（Z 轴快速抵达坐标上方 50 mm 处）

N30 X0 Y0 　　　　　　　　　　　（快速移动到 X、Y 坐标点位置）

N40 G84 X0 Y0 Z－50 R0 F2500 　　（钻孔循环 Z 轴第 1 深度－50 mm，当 Z 轴正转到达孔底后，主轴反转退回安全平面，主轴每旋转 1 周 Z 轴运行 50 mm）

N50 Z－100 　　　　　　　　　　 （Z 轴第 2 深度－50 mm）

N60 Z－150 　　　　　　　　　　 （Z 轴第 3 深度－50 mm）

N70 Z－200 　　　　　　　　　　 （Z 轴第 4 深度－50 mm）

N80 G80 　　　　　　　　　　　　（取消钻孔循环）

N90 M5 　　　　　　　　　　　　 （主轴停转）

N100 M30 　　　　　　　　　　　 （程序结束并复位）

G84 为右旋攻丝，即主轴顺时针方向旋转攻丝。当到达孔底时，为了回退，主轴以相反方向旋转，这个过程形成右旋螺纹。

刀具做如下运动。

（1）沿着 X 和 Y 轴的定位快速移动到 R 点。

（2）进入旋转转速和进给速度同步模式。

（3）Z 轴以当前进给速度运动到 Z 指定的位置。

（4）主轴停。

（5）主轴逆时针方向旋转。

（6）快速退回到退出点。

（7）如果在固定循环前为非旋转、进给速度同步模式，则取消同步模式，恢复到原来主轴旋转状态。

（8）主轴停。

（9）主轴顺时针方向旋转。

10.2.10　镗孔循环

1. 功能

该功能为镗孔循环功能，也可作为钻孔或铣功能，参见图 10.38。

2. 指令结构

G85 X... Y... Z... R... L... F...

3. 含义

X、Y：孔位数据。

Z：孔底的位置。

R：R 点位置。

L：重复次数（如果需要的话）。

F：切削进给速度。

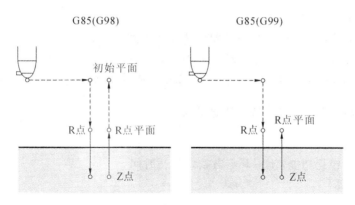

图 10.38　镗孔循环

4.示例

【例 10.14】　图 10.39 所示为镗孔循环运动方式,程序如下。

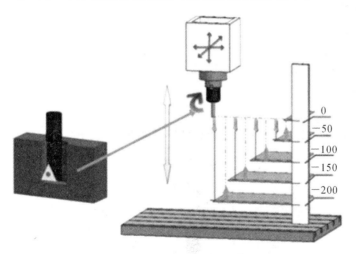

图 10.39　镗孔循环运动方式示意图

N10 M3 S100	(主轴顺时针方向旋转)
N20 G00 Z50	(Z 轴快速抵达坐标上方 50 mm 处)
N30 X0 Y0	(快速移动到 X、Y 坐标点位置)
N40 G85 X0 Y0 Z−50 R0 F1000	(镗孔循环 Z 轴第 1 深度−50 mm 后以进给速度退出到 R 点)
N50 Z−100	(Z 轴第 2 深度−50 mm)
N60 Z−150	(Z 轴第 3 深度−50 mm)
N70 Z−200	(Z 轴第 4 深度−50 mm)
N80 G80	(取消镗孔循环)
N90 M5	(主轴停转)
N100 M30	(程序结束并复位)

刀具做如下运动。

（1）预运动,沿着 X 和 Y 轴的定位快速移动到 R 点。

（2）Z 轴以当前进给速度运动到 Z 指定的位置。

（3）刀具以进给速度退回到退出点(退出点坐标参考退出模式的设置)。

10.2.11　镗孔-主轴停-快速退出

1.功能

该功能为镗孔功能,使用 P 参数指定停顿时间。

2.指令结构

G86 X...Y...Z...R...P...L...F...

3.含义

X、Y:孔位数据。

Z:孔底的位置。

R:R 点位置。

P:暂停时间。

L:重复次数(如果需要的话)。

F:切削进给速度。

4.示例

【**例 10.15**】　图 10.40 所示为镗孔循环运动方式,程序如下。

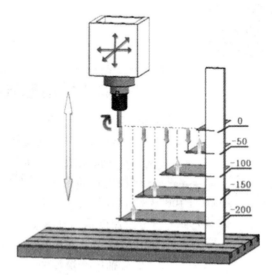

图 10.40　镗孔循环运动方式示意图

N10 M3 S100　　　　　　　　　　　　（主轴顺时针方向旋转）

N20 G00 Z50　　　　　　　　　　　　（Z 轴快速抵达坐标上方 50 mm 处）

N30 X0 Y0　　　　　　　　　　　　　（快速移动到 X、Y 坐标点位置）

N40 G86 X0 Y0 Z—50 R0 P1 F1000　（镗孔循环 Z 轴第 1 深度—50 mm，在孔底暂停 1 s 后主轴停转，快速返回安全平面，进给速度为 1000 mm/min）

N50 Z—100　（Z 轴第 2 深度位置）

N60 Z—150　（Z 轴第 3 深度位置）

N70 Z—200　（Z 轴第 4 深度位置）

N80 G80　（取消镗孔循环）

N90 M5　（主轴停转）

N100 M30　（程序结束并复位）

刀具做如下运动。

（1）预运动，沿着 X 和 Y 轴的定位快速移动到 R 点。

（2）Z 轴以当前进给速度运动到 Z 指定的位置。

（3）停顿 P 秒。

（4）主轴停转。

（5）刀具快速退回到退出点。

（6）主轴恢复原来的运动方向。

10.2.12　精镗孔

1.功能

该功能为精镗孔功能，使用 P 参数指定停顿时间，参见图 10.41。

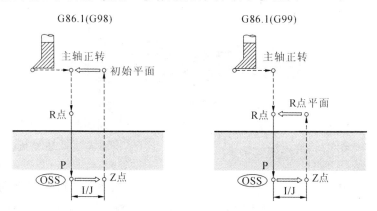

图 10.41　精镗孔循环

2.指令结构

$$G86.1\ X...\ Y...\ Z...\ \begin{bmatrix} I...\ J... \\ J...\ K... \\ I...\ K... \end{bmatrix} R...\ P...\ L...\ F...$$

3.含义

X、Y:孔位数据。

Z:孔底的位置。

I:刀具 X 方向偏移量。

J:刀具 Y 方向偏移量。

K:刀具 Z 方向偏移量。

R:R 点位置。

P:暂停时间。

L:重复次数(如果需要的话)。

F:切削进给速度。

4.示例

【例 10.16】 图 10.42 所示为精镗孔循环运动方式,程序如下。

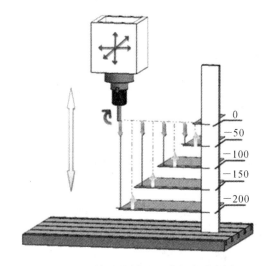

图 10.42　精镗孔循环运动方式示意图

N10 M3 S100　　　　　　　　　　　　　　　(主轴顺时针方向旋转)

N20 G00 Z50　　　　　　　　　　　　　　　(Z轴快速抵达坐标上方 50 mm 处)

N30 X0 Y0　　　　　　　　　　　　　　　　(快速移动到 X、Y 坐标点位置)

N40 G86.1 X0 Y0 Z－50 R0 P1 I0.2 J0 F1000　(镗孔循环 Z 轴第 1 深度－50 mm,在孔底暂停 1 s 后主轴停转,刀尖快速离工件表面,快速返回安全平面)

N50 Z－100　　　　　　　　　　　　　　　　(Z轴第 2 深度位置)

N60 Z－150　　　　　　　　　　　　　　　　(Z轴第 3 深度位置)

N70 Z－200　　　　　　　　　　　　　　　　(Z轴第 4 深度位置)

N80 G80　　　　　　　　　　　　　　　（取消镗孔循环）

N90 M5　　　　　　　　　　　　　　　　（主轴停转）

N100 M30　　　　　　　　　　　　　　　（程序结束并复位）

刀具做如下运动。

（1）预运动,沿着 X、Y 轴的定位快速移动到 R 点。

（2）Z 轴以当前进给速度运动到 Z 指定的位置。

（3）停顿 P 秒。

（4）主轴停转。

（5）刀尖沿 X、Y 坐标快速离开工件表面。

（6）刀具快速退回到退出点。

（7）主轴恢复原来运动方向。

10.2.13　背镗孔循环

1. 功能

该功能为背镗孔功能,可对下宽上窄的台阶孔进行加工,参见图 10.43。

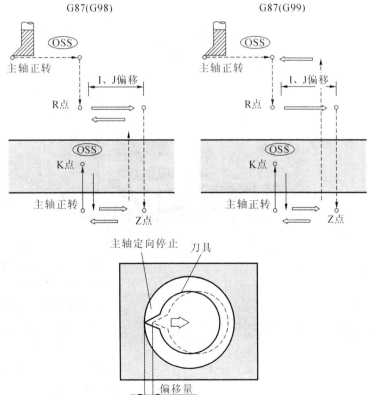

图 10.43　背镗孔循环

2.指令结构

G87 X... Y... Z... R... I... J... K... L... F...

3.含义

X、Y:孔位数据。

Z:孔底的位置。

R:R点位置。

I:刀具 X 方向偏移(增量)。

J:刀具 Y 方向偏移(增量)。

K:镗孔深度(增量)。

L:重复次数(如果需要的话)。

F:切削进给速度。

4.示例

【例 10.17】 图 10.44 所示为背镗孔循环运动方式,程序如下。

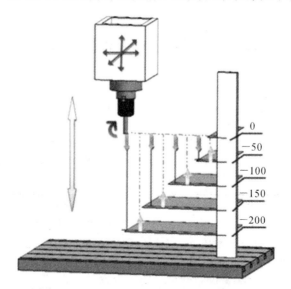

图 10.44 背镗孔循环运动方式示意图

N10 M3 S100	(主轴顺时针方向旋转)
N20 G00 Z50	(轴快速抵达坐标上方 50 mm 处)
N30 X0 Y0	(快速移动到 X、Y 坐标点位置)
N40 G87 X0 Y0 Z−50 R0 P1 I0 J0 K25 F1000	(镗孔循环 Z 轴第 1 深度−50 mm,在孔底暂停 1 s 后主轴停转,刀尖离开工件,快速返回安全平面)
N50 Z−100	(Z 轴第 2 深度位置)

N60 Z－150　　　　　　　　　　　　　（Z 轴第 3 深度位置）

N70 Z－200　　　　　　　　　　　　　（Z 轴第 4 深度位置）

N80 G80　　　　　　　　　　　　　　　（取消镗孔）

N90 M5　　　　　　　　　　　　　　　　（主轴停转）

N100 M30　　　　　　　　　　　　　　　（程序结束并复位）

刀具做如下运动。

（1）快速移动到 I、J 指定的在 XY 平面上的位置。

（2）主轴停止在指定的方向上。如图 10.45 所示。

（3）快速向下移动主轴到位置 Z。

（4）快速移动到 X、Y 指定的位置。

（5）主轴以原来方向恢复旋转。如图 10.46 所示。

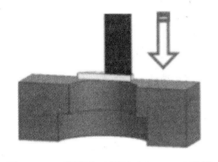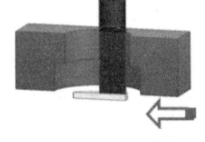

图 10.45　背镗孔刀具运动(1)→(2)阶段　　　　图 10.46　背镗孔刀具运动(3)→(5)阶段

（6）Z 轴以当前进给速度向上移动到 K 指定的位置。

（7）Z 轴以当前进给速度向下移动到 Z 指定的位置。

（8）主轴停止在原来指定的方向。如图 10.47 所示。

（9）快速移动到 I、J 指定的在 XY 平面上的位置。

（10）快速移动到退出点。

（11）快速移动到 X、Y 指定的位置。

（12）恢复主轴原来的运动。如图 10.48 所示。

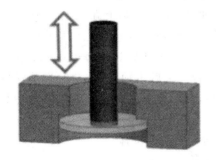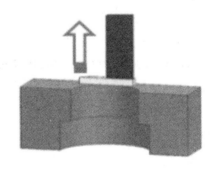

图 10.47　背镗孔刀具运动(6)→(8)阶段　　　　图 10.48　背镗孔刀具运动(9)→(12)阶段

10.2.14　镗孔-主轴停转-手动退出循环

1.功能

该功能为镗孔功能,使用 P 参数指定停顿时间,参见图 10.49。

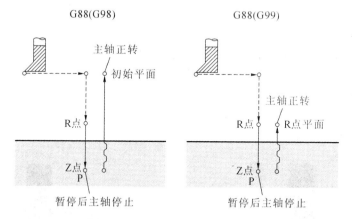

图 10.49　镗孔-主轴停-手动退出循环

2.指令结构

G88 X...Y...Z...R...P...L...F...

3.含义

X、Y:孔位数据。

Z:孔底的位置。

R:R 点位置。

P:暂停时间。

L:重复次数(如果需要的话)。

F:切削进给速度。

4.示例

【例 10.18】　图 10.50 所示为镗孔循环运动方式,程序如下。

N10 M3 S100	(主轴顺时针方向旋转)
N20 G00 Z50	(Z 轴快速抵达坐标上方 50 mm 处)
N30 X0 Y0	(快速移动到 X、Y 坐标点位置)
N40 G88 X0 Y0 Z−50 R0 P1 F1000	(镗孔循环 Z 轴第 1 深度−50 mm,在孔底暂停 1 s 后主轴停转,这时进给保持灯亮,可切换为手动或手轮将 Z 轴抬起至安全平面)
N50 Z−100	(Z 轴第 2 深度位置)
N60 Z−150	(Z 轴第 3 深度位置)
N70 Z−20	(Z 轴第 4 深度位置)

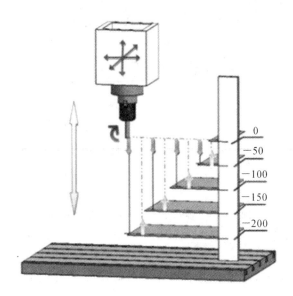

图 10.50 镗孔循环运动方式示意图

N80 G80   (取消镗孔循环)

N90 M5   (主轴停转)

N100 M30   (程序结束并复位)

刀具做如下运动。

(1) Z 轴以当前进给速度运动到 Z 指定的位置。

(2) 停顿 P 秒。

(3) 主轴停转。

(4) 程序停止,允许操作者手动退出刀具。

(5) 主轴恢复原来运动方向。

10.2.15 镗孔-停顿-进给速度退出循环

1. 功能

该功能为镗孔功能,使用 P 参数指定停顿时间,参见图 10.51。

2. 指令结构

G89 X...Y... Z... R... P...L... F...

3. 含义

X、Y:孔位数据。

Z:孔底的位置。

R:R 点位置。

P:暂停时间。

L:重复次数(如果需要的话)。

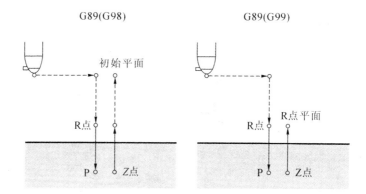

图 10.51　镗孔-停顿-进给速度退出循环

F:切削进给速度。

4. 示例

【例 10.19】　图 10.52 所示为镗孔循环运动方式,程序如下。

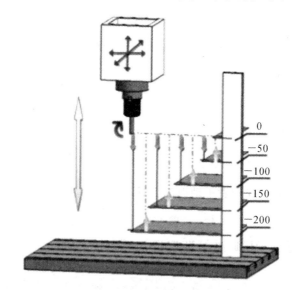

图 10.52　镗孔循环运动方式示意图

N10 M3 S100　　　　　　　　　　　　　(主轴顺时针方向旋转)

N20 G00 Z50　　　　　　　　　　　　　(Z 轴快速抵达坐标上方 50 mm 处)

N30 X0 Y0　　　　　　　　　　　　　　(快速移动到 X、Y 坐标点位置)

N40 G89 X0 Y0 Z-50 R0 P1 F1000　　(镗孔循环 Z 轴第 1 深度-50 mm,在孔
　　　　　　　　　　　　　　　　　　　　底暂停 1 s 后主轴停转,以进给速度退
　　　　　　　　　　　　　　　　　　　　回到安全平面)

N50 Z-100　　　　　　　　　　　　　　(Z 轴第 2 深度位置)

N60 Z-150　　　　　　　　　　　　　　(Z 轴第 3 深度位置)

N70 Z—20　　　　　　　　　　（Z 轴第 4 深度位置）

N80 G80　　　　　　　　　　　（取消镗孔循环）

N90 M5　　　　　　　　　　　 （主轴停转）

N100 M30　　　　　　　　　　 （程序结束并复位）

刀具做如下运动。

（1）Z 轴以当前进给速度运动到 Z 指定的位置。

（2）停顿 P 秒。

（3）主轴停转。

（4）以进给速度退出刀具。

（5）主轴恢复原来运动方向。

10.3　固定切削循环取消

1.功能

该功能可以撤销固定循环。同时撤销设置的运动模式,确保所有轴不会在未重新设置新的运动模式前移动。

2.指令结构

G80

3.含义

G80 指令取消所有的固定循环,执行正常的操作,R 点和 Z 点也被取消。这意味着在增量方式中,R＝0 和 Z＝0,其他循环数据也被取消（清除）。

第 11 章　用户宏程序

11.1　宏程序应用概述

11.1.1　宏程序与普通程序的对比

一般意义上所讲的数控指令其实是 ISO 指令,即每条指令的功能是固定的,由生产厂家开发,使用者只需(只能)按照规定编程即可。但有时候只用这些指令无法满足用户需求,故生产厂家提供了用户宏程序功能,使用户可以对数控装置的功能进行扩展,实际上是数控装置对用户开放,也可认为是为用户使用数控装置提供的工具,在数控装置的平台上进行二次开发。当然这里的开放和开发都是有条件限制的。

用户宏程序与普通程序存在一定的区别。认识和了解这些区别,将有助于宏程序的学习理解和掌握运用,详见表 11.1。

表 11.1　用户宏程序与普通程序的简要对比

普 通 程 序	宏 程 序
只能使用常量	可以使用变量,并给变量赋值
常量之间不可运算	变量之间可以运算
程序只能顺序执行,不可跳转	程序运行可以跳转

11.1.2　宏程序的技术特点

必须强调的是,尽管使用各种 CAD/CAM 软件来编辑数控加工程序已经成为了主流,但手工编程毕竟还是基础,各种"疑难杂症"的解决往往还是要利用手工编程的,且手工编程还可以使用变量编程,即宏程序的运用。使用宏程序的最大特点就是将有规律的形状和尺寸用最短的程序表达出来,且有极好的易读性和易修改性,编写出的程序架构简单,逻辑严密,通用性极强,而且机床执行此类程序时,较执行 CAD/CAM 软件生成的程序更快捷,反应更迅速,在圆弧过渡时更加体现了工艺性。

随着技术的发展,自动编程逐渐会取代手工编程,但宏程序简洁的特点使手工编程依然具有使用价值,宏程序的运用应该是手工编程应用中最大的亮点。

宏程序具有灵活性、通用性和智能性等特点，例如对于规则曲面的编程来说，使用 CAD/CAM 软件编程一般都有工作量大、程序庞大、加工参数不易修改等缺点，只要任何一个加工参数发生变化，再智能的软件也要根据变化后的加工参数重新计算刀具轨迹，尽管计算刀具轨迹的速度非常快，但始终是一个比较麻烦的过程。而宏程序则注重把机床功能参数与编程语言结合，而灵活的参数设置也使机床具有最佳的工作性能，同时也给予操作者极大的自由调整空间。

从模块化加工角度来看，宏程序最具有模块化的思想和资质，编程人员只需要根据零件几何信息和不同数学模型即可完成相应的模块化加工编程设计。应用时只需要把零件的信息和加工参数等输入到相应的模块调用语句中，就能使编程人员从繁琐的、大量反复性的编程工作中解脱出来，有一种一劳永逸的效果。

另外，由于宏程序基本包括了所有的加工信息（如所使用的刀具几何尺寸信息等），而且非常简明、直观，通过简单的存储和调用，就可以很方便地重现当时的加工状态，给周期性的生产特别是不定期的间隔式生产带来极大的便利。

客观地说，对于主要由大量不规则复杂曲面构成的模具零件，特别是各种注塑模、压铸摸等型腔类模具的型芯、型腔和电极，以及汽车外壳的凹凸模等，由于从设计、分析到制造的整个产业链，在技术层面及生产管理上都与各种 CAD/CAM 为纽带紧密相关，从而形成一种高度的一体化和关联性，无论从哪个角度来看，数控加工的程序编辑几乎百分之百地依赖各种 CAD/CAM 软件，宏程序在这里的发挥空间是非常有限的。但是，数控加工领域还有很大的一片天空属于机械零件的批量加工，虽然同样是数控加工，它与上述的模具类零件的数控加工还是有着相当大的差别，机械零件的数控加工主要有以下特点。

（1）机械零件绝大多数都是批量生产的（除了样品试件，即俗称的"打板"），在保证质量的前提下，要求最大限度提高加工效率以降低成本，一个零件哪怕仅仅节省时间一秒，成百上千个零件合计起来节省的时间就非常可观了。另外，加工批量零件在加工的几何尺寸精度，要求保证高度一致性，而加工工艺的优化主要就是程序的优化，是一个反复调整的、尝试的过程，这就要求操作者能够非常方便地修调程序中的各项加工参数（如刀具尺寸、刀具补偿值、层降、步距、计数精度、进给速度等）。如上所述，只要其中任何一项发生变化，再智能的软件也要根据变化后的加工参数重新设计刀具轨迹，在经后处理生成加工程序，这个过程非常耗时。显然宏程序在这个方面就有强大的优越性，只要能用宏程序来表述，操作者就根本不需要触动程序本身，而直接针对各项加工参数所对应的自变量赋值做出个别调整，即能迅速地将程序调整到最佳优化状态，这就体现了程序的一个突出优点，即一次编程，终身受益。

（2）机械零件的形状主要是由各种凸台、凹槽、圆孔、斜面、回转面等组成，很少包含不规则的复杂曲面，构成其几何因素无外乎由点、直线、圆弧，最多加上各种二次圆锥曲线（椭圆、抛物线、双曲线），以及一些渐开线，所有这些都是基于三角函数、解析几何的应用，而数学上都可以用三角函数表达式及参数方程加以表述，因此宏程序在此有广泛的应用空间,可以发挥强大的作用。

(3)机械零件还有一些很特殊的应用,即使采用 CAD/CAM 软件也不一定能轻易解决,例如变螺距螺纹的加工,用螺旋线插补进行锥度螺纹加工(后面会有示例介绍)和钻深可变式深孔钻加工等,而在这些方面宏程序却可用发挥它的优势。

11.2 宏程序调用

用户宏程序指令是调用用户宏程序指令,用户宏程序功能可用以下方式调用:

宏程序调用 ——┬── 非模态调用(G65)
　　　　　　　├── 模态调用(G65,G67)
　　　　　　　├── 用G指令调用宏程序(G...)
　　　　　　　├── 用M指令调用宏程序(M...)
　　　　　　　├── 用M指令调用子程序(M...或M98)
　　　　　　　└── 用T指令调用宏程序(T...)

使用宏程序前首先要说明用户宏程序调用(G65)与子程序调用(M98)之间的差别。

(1)G65 可以进行自变量赋值,即指定自变量(数据传送到宏程序),M98 则不能。

(2)当 M98 程序包含另一条数控指令(如:G01 X200 M98 $...)时,在执行完这种含有非 N、P 或 L 的指令后可调用(或转移到)子程序。相反 G65 则只能无条件的调用宏程序。

(3)G65 改变局部变量的级别,M98 不改变局部变量的级别。

11.2.1 非模态调用宏程序

1.指令结构

G65 在非模态调用时,只在当前行有效,可进行自变量的赋值,可改变局部变量的级别。

2.指令结构

G65L...〈自变量指定〉P...

3.含义

L:重复次数,默认值为 1。

P:被调用的宏程序文件名。

自变量:要传递到宏程序中的数据。

4.示例

【例 11.1】 当指定 G65 时,以地址 P 指定的用户宏程序被调用,数据(自变量)被传递到用户宏程序体中,如图 11.1 所示。

图 11.1 非模态宏程序的调用

1）调用说明

（1）在 G65 之后,调用地址 P 指定的用户宏程序的程序号。

（2）任何自变量前必须指定 G65。

（3）当要求重复时,在地址 L 后面指定从 1～9999 的重复次数,省略 L 值时,默认 L 为 1。

（4）使用自变量指定(赋值),其值被赋值给宏程序中相应的局部变量。

2）自变量指定

自变量指定又称自变量赋值,即若要向用户宏程序体传递数据时,须由变量赋值来指定,其值可以有符号和小数点,且与地址无关。

这里使用的局部变量(♯1～♯33 共有 33 个),使用除了 G、L、O、N 和 P 以外的字母,每个字母指定一次。根据使用的字母,自动决定自变量指定的类型。地址 G、L、N、O 和 P 不能在自变量中使用,参见表 11.2。不需要指定的地址可以省略,对应于省略地址的局部变量设为空。

表 11.2 宏变量及地址

地址	变量号	地址	变量号	地址	变量号
A	♯1	I	♯4	T	♯20
B	♯2	J	♯5	U	♯21
C	♯3	K	♯6	V	♯22
D	♯7	M	♯13	W	♯23
E	♯8	Q	♯17	X	♯24
F	♯9	R	♯18	Y	♯25
H	♯11	S	♯19	Z	♯26

3）自变量赋值的其他说明

（1）调用嵌套可调用 4 级,包括 G65(非模态调用)和 G66(模态调用),但不包含子程序调用(M98)。

（2）局部变量的级可嵌套 4 级,从 0 到 4,主程序是 0 级。用 G65 或 G66 调用宏程序,每调用一次(2、3、4 级),局部变量加 1,而前一级局部变量值保存在数控装置中,即每级局部变量(1、2、3 级)被保存,下一级局部变量(2、3、4 级)被准备,可以进行自变量赋值。如图 11.2、图 11.3 所示。

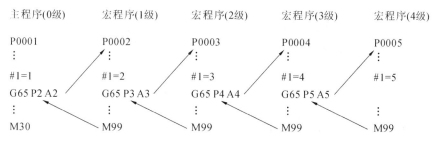

图 11.2 宏程序嵌套(4 级)

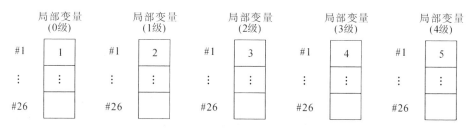

图 11.3 局部变量嵌套(4 级)

当宏程序中执行 M99 时返回调用的程序,此时,局部变量级别减 1,并恢复宏程序调用时保存的局部变量值,即上一级被储存的局部变量被恢复,如同它被储存一样,而下一级的局部变量被清除。

公共变量为♯100～♯199 和♯500～♯999,变量可由宏程序在不同级上读写。

11.2.2 模态调用宏程序

1. 功能

当指定 G66 时,则指定宏程序模态调用,即指定沿一定轴移动的程序段后调用宏程序,G67 为取消宏程序模态调用。指令格式与非模态调用 G65 相似。

2. 指令结构

G65 L...〈自变量指定〉P...

　　⋮

G67

3. 含义

L:重复次数,默认值为 1。

P:被调用的宏程序文件名。

自变量:要传递到宏程序中的数据。

G67:取消模态调用。

4. 示例

【例 11.2】 指定 G67 时,其后面的程序段不再执行模态宏程序调用。G66 和

G67 必须成对使用,如图 11.4 所示。

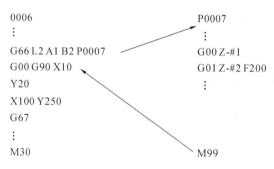

图 11.4　模态宏程序的调用

5. 调用说明

(1) 在 G66 之后,调用地址 P 指定的用户宏程序的程序号。

(2) 任何自变量前必须指定 G66。

(3) 当要求重复时,在地址 L 后面指定从 1～9999 的重复次数,省略 L 值时,默认 L 等于 1。

(4) 与非模态调用 G65 相同,使用自变量指定(赋值),其值被赋值给宏程序中相应的局部变量。

(5) 指定 G67 时取消 G66,即其后的程序段不再执行宏程序模态调用。G66 和 G67 应成对使用。

(6) 可以调用 4 级嵌套,包括非模态调用 G65 和模态调用 G66,但不包含调用子程序 M98。

(7) 当宏程序中执行到 M99 时,返回到调用的程序。此时,局部变量级别减 1,并恢复宏程序调用时保存的局部变量值。

(8) 在模态调用中,每执行一次移动指令,就调用一次指定的宏程序。若指定几个模态宏程序,每执行一次下一个宏程序中的移动指令,就调用一次上一个宏程序。宏程序由后面的运动指令依次调用。

11.2.3　G、M、T 宏程序调用

1. 专用 G 指令的宏程序调用

数控装置中对应 G 指令宏程序调用的变量共 24 组,参见表 11.3。

表 11.3　24 组系统变量与程序名的对应关系

宏变量	被调用的宏程序
♯6001	O9001. prg
⋮	⋮
♯6024	O9024. prg

1）指令结构

G〈...〉〈自变量指定〉

2）含义

〈...〉:范围[0.0～199.9]。

自变量:要传递到宏程序中的数据。

3）示例

【例 11.3】　执行图 11.5 所示的专用 G 指令的宏程序调用。

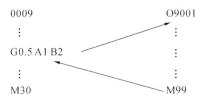

图 11.5　专用 G 指令的宏程序调用

宏变量♯6001＝5

调用说明:

在变量(♯6001～♯6024)中设置用来宏调用的 G 指令号;变量值范围为[－1～1999]的整数,默认值为－1。使用 G 指令宏调用时,变量值需设定为该 G 指令的 10 倍,即输入指令 G〈...〉;若在♯6001～♯6024 中存在变量[♯60xx]＝〈...〉* 10,则该指令执行宏调用操作时,即调用 O90〈...〉.prg 程序,否则当做普通 G 指令处理。

（1）如输入指令 G0.5 且设置变量[♯6001]＝5 时,则 G0.5 指令为宏调用 O9001.prg 的指令,如图 11.5 所示。

（2）即使设置的用来调用宏程序的 G 指令号是具有固定功能的 G 指令号,数控装置也会先将 G 指令当作宏调用处理而忽略该固定功能;非宏调用时再当做普通 G 指令处理。

（3）专用 G 指令宏调用为单层嵌套;专用指令宏程序调用中不允许再使用其他专用指令宏调用,即在专用 G、M、T 指令的宏调用中的 G 指令,它被作为一个普通 G 指令处理。

2.专用 M 指令的宏程序调用

数控装置中对应 M 指令宏程序调用的变量共 24 组,参见表 11.4。

表 11.4　24 组系统变量与程序名的对应关系

宏变量	被调用的宏程序
♯6025	O9025.prg
⋮	⋮
♯6048	O9048.prg

1）指令结构

G...X...Z...M〈...〉

或 M⟨...⟩G...X...Z...

或 M⟨...⟩

2）含义

⟨...⟩：表示范围，为[−1～999]。

3）示例

【例 11.4】　图 11.6 所示为专用 M 指令的宏程序调用。

宏变量♯6025＝10

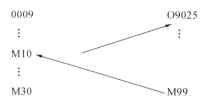

图 11.6　专用 M 指令的宏程序调用

调用说明如下。

（1）在系统变量(♯6025～♯6048)中设置用来调用宏程序的指令 M⟨...⟩；变量值范围为[−1～999]的整数，默认值为−1。若使用 M 指令宏调用时，变量值需设定为该 M 指令号，即输入指令 M⟨...⟩，若♯6025～♯6048 中存在变量[♯60xx]=⟨...⟩，则该指令执行 M 指令宏调用操作，调用 O90xx. prg 程序，否则当做普通 M 指令处理。

（2）M 代码调用的宏程序不允许自变量定义。

（3）G...X...Z...M⟨...⟩这个指令可以调用宏，在该语句中，移动指令执行完后执行宏。

（4）在专用 G、M、T 指令的宏调用中的 M 指令，它被作为一个普通 M 指令处理。

（5）使用已有固定功能的 M 指令号，宏调用优先判断，其次按照普通 M 指令处理。

3. 专用 T 指令的宏程序调用(1 组)

数控装置对应 T 指令宏程序调用的变量共 1 组，参见表 11.5。

1）指令结构

G...X...Z...T⟨1⟩

2）含义

T⟨1⟩：可代替 M98 $⟨...⟩。

表 11.5　T 指令宏调用中宏变量与被调用的层序只有 1 组

宏变量	被调用的宏程序
♯6134	O9000. prg

3）示例

【例 11.5】　图 11.7 所示为专用 T 指令的宏程序调用。

宏变量♯6025＝10

公共变量♯149＝22

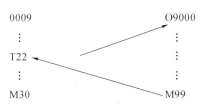

图 11.7　专用 T 指令的宏程序调用

调用说明如下。

（1）同一段中移动指令完成后执行 O9000.prg 的宏程序，如图 11.7 所示。

（2）通过设置♯6134 来决定 T 指令是普通 T 指令使用还是宏调用指令：♯6134＝1 时，T 指令作为调用 O9000.prg 宏程序的指令使用，可代替 M98 ＄9000.prg，在加工程序中指定的 T 指令〈1〉赋值到（存储）公共变量♯149。

（3）♯6134≠1 时，T 指令作为普通 T 指令使用。

4.G、M、T 宏调用变量的设置过程

系统变量为♯6001～♯6048，在界面"系统"—"宏变量"—"GMT"中进行设置。

直接按下屏幕右侧的侧排键【系统】按钮进入系统界面（见图 11.8）。

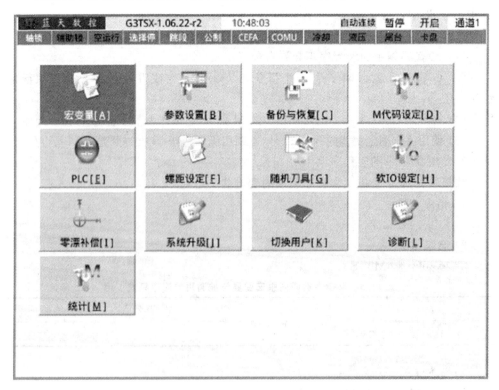

图 11.8　系统参数配置界面

再通过屏幕下方的扩展键选择变量类型，并回车，即进入变量设定界面(见图 11.9)。

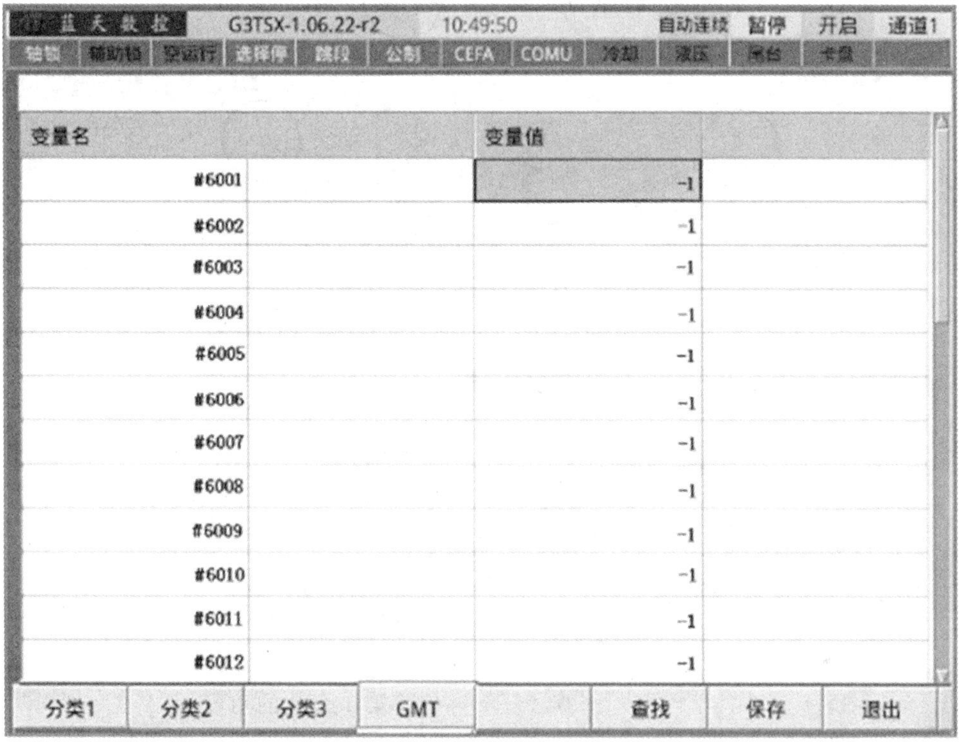
G3TSX-1.06.22-r2
10:49:50
自动连续
暂停
开启
通道1
辅助轴
空运行
选择停
跳段
公制
CEFA
COMU
冷却
液压
变量名
变量值
#6001 -1
#6002 -1
#6003 -1
#6004 -1
#6005 -1
#6006 -1
#6007 -1
#6008 -1
#6009 -1
#6010 -1
#6011 -1
#6012 -1
分类1
分类2
分类3
GMT
查找
保存
退出

图 11.9　G、M、T 宏调用变量设置界面

11.2.4　宏程序应用实例

11.2.4.1　孔系加工

1. 孔群的固定循环加工实例

1) 沿圆周均布的孔群加工

【例 11.6】 如图 11.10 所示，编辑一个宏程序，用于加工沿圆周均匀分布孔群。圆孔圆心坐标为(X，Y)，半径为 R，第 1 个孔与 X 轴的夹角(即孔群的起始角)为 α，各孔间角度间隔为 β，孔数为 H，角度逆时针方向为正，顺时针方向为负。程序如下。

主程序：001. prg

G54 G90 G00 X0 Y0 Z50　　(程序开始，定位 G54 原点)

M3 S1000　　(主轴正转)

G65 X50 Y50 Z−10 R1 F200 A22.5 B45 I20 H8 P0001. prg

(宏程序调用 0001. prg，G65 参数子程序系统中必须写在一行，否则系统报错)

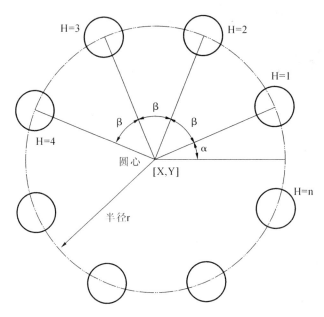

图 11.10　沿圆周均布的孔群

M30	（程序结束）

自变量赋值说明如下。

♯1＝(A)	（第 1 个孔的角度 α）
♯2＝(B)	（各孔间隔角度 β）
♯4＝(I)	（圆周半径）
♯9＝(F)	（切削进给速度）
♯11＝(H)	（孔数）
♯18＝(R)	（固定循环中快速趋近 R 点 Z 坐标 （非绝对值））
♯24＝(X)	（圆心 X 坐标值）
♯25＝(Y)	（圆心 Y 坐标值）
♯26＝(Z)	（孔深（即 Z 坐标值，非绝对值））

宏程序：0001.prg

♯3＝1	（孔序号计数（从第 1 个孔开始））
WHILE［♯3LE♯11］DO1	（如果♯3≤♯11（孔数 H），循环 1 继续）
♯5＝［♯1＋［♯3－1］＊♯2］	（第♯3 个孔对应角度）
♯6＝［［♯24＋♯4］＊COS［♯5］］	（第♯3 个孔中心的 X 坐标）
♯7＝［［♯25＋♯4］＊SIN［♯5］］	（第♯3 个孔中心的 Y 坐标）
G98 G81 X♯6Y♯7Z♯26R♯18F♯9	（（G81 方式）加工第♯3 个孔）

$\sharp 3 = [\sharp 3 + 1]$　　　　　　　　　　（孔序号 $\sharp 3$ 加 1）

END1　　　　　　　　　　　　　　（循环 1 结束）

G80　　　　　　　　　　　　　　 （取消固定切削循环）

M99　　　　　　　　　　　　　　 （宏程序结束返回）

（1）这里仅以 G81 循环为例，其他固定循环如 G82、G83 等也可参照，即使是其他更复杂的固定循环如 G81.1、G84，也只需要对应的固定循环语句进行简单的修改即可。在宏程序中，真正与固定循环有关的指令其实只有一行，程序其余部分完全可以通用。

（2）这里选用局部变量时，没有按照 $\sharp 1$、$\sharp 2$、$\sharp 3$…那样依次从小到大选用，而是结合常规数控语句的地址及含义，尽量使主程序调用时的地址有意义。如"X50 Y50"来表示圆心坐标值，"Z−10"来表示孔底 Z 坐标值。又如 G83 循环，正好可以用 Q 对局部变量 $\sharp 17$ 进行赋值，这样就非常直观，且更容易理解。

【例 11.7】　在实际生产中，上述的例子虽然经典，但为免简单，事实上图 11.11 所示的孔群更有意义。

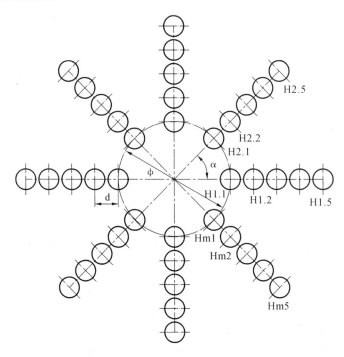

图 11.11　沿圆周放射性均布的孔群

为了方便论述，并使编程更加简单明了，突出重点，本例程序作了较大的简化，孔群中心为 G54 原点，最内圈孔群中心所在的圆周的直径为 φ，每圈孔群在圆周上呈 360°等角分布（m 等分），相邻的放射线间夹角为 360°/m，且第 1 条放射线落在 X 轴上（即 0°）；在径向上则呈现等距分布（间距为 d，每条放射线上共有 5 个孔）。

　　这里每个孔的位置分布是有规律的,在数学上可能不止有一种表达方式,但相对于常用的直角坐标系下的X,Y坐标,如果用各个孔相对于原点的距离和角度(即极坐标系下的极半径与极角)来表示其位置,显然更简单明了。以下程序即运用了极坐标指令。

　　此外,在刀具路径顺序上也有多重选择,这里采取了折中的方法;既要使程序的表达比较方便、简明,又要尽量选择"最短路径"。具体程序如下(先径向后圆周)。

　　第1回合:孔 H1.1→H1.2→…→H1.5

　　第2回合:孔 H2.1→H2.2→…→H2.5

　　⋮

　　第m回合:孔 Hm.1→Hm.2→…→Hm.5

上述路径肯定不能保证任何情况下都是最短的、最优的,但至少是比较短的。

主程序:002.prg

♯1=40	(最内圈孔群中心所在圆周的直径φ)
♯2=45	(每圈孔群中在360°圆周上的角度间隔α)
♯3=8	(每圈孔群中在360°圆周上的等分数m(整数))
♯4=10	(在径向上的等分距离d)
♯5=5	(在径向上每条放射线上用有n个孔)
G54 G90 G00 X0 Y0 Z50	(程序开始)
M3 S1000	(主轴正转)
G16	(极坐标开始)
♯6=1	(圆周上径向放射线计数(从1开始))
WHILE[♯6LE♯3]DO1	(如果♯6≤♯3(等分数m)。循环1继续)
♯7=1	(每条反射线上孔的计数♯7重置1(从最靠近原点的孔开始))
WHILE[♯7LE♯5]DO2	(如果♯7≤♯5(每条放射线上孔的n),循环2继续)
♯8=[♯1/2+[♯7−1]＊♯4]	(当前(任意)孔的极径)
♯9=[[♯6−1]＊♯2]	(当前(任意)孔的极角)
G98 G81 X♯8 Y♯9 Z−6 R1 F100	((G81方式)加工当前孔)
♯7=[♯7+1]	(每条放射线上孔序号♯7加1)
END2	(循环2结束)
♯6=[♯6+1]	(放射线计数♯6加1)
END1	(循环1结束)
G80 Z30	(返回安全平面取消固定循环)
G15	(取消极坐标)

M30　　　　　　　　　　　　　　（程序结束）

（1）本例程序与例 11.6 程序类似，仅以 G81 循环为例，其他固定循环如 G82、G83 等也可参照，在宏程序中真正与固定循环有关的指令其实只有一行。

（2）无论孔群的分布如何复杂，只要把共性的孔归纳在一起，都是可以利用例 11.6 所用主程序进行处理。

2）沿直线均布的多组孔群加工

【例 11.8】　如图 11.12 所示，这是孔群加工的一种扩展，在圆周上局部分布的孔群，沿直线以相等间隔呈线性排列，先加工第 1 组孔群，然后加工第 2 组孔群，在加工每组孔群时，都是按照相同的顺序加工各孔，以此类推，直到所有组的孔群加工完毕。

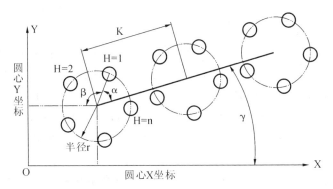

图 11.12　沿直线均布的多组孔群

本例宏程序涉及的参数和变量比较多，在主程序中进行自变量赋值时应特别小心，请认真领会和掌握宏程序中的注释说明。程序如下。

主程序：003.prg

G54 G990 G00 X0 Y0 Z50　　　　　　　（程序开始位于 G54 原点上方）

M3 S1000　　　　　　　　　　　　　　（主轴正转）

G65 X50 Y20 Z−10 R1 F200 A67 B72 I20 J15 K55 D3 H5 P0003.prg

　　　　　　　　　　　　　　　　　　（宏程序调用 0003.prg（G65 参数
　　　　　　　　　　　　　　　　　　子程序系统中必须写在一行，否则
　　　　　　　　　　　　　　　　　　系统报错））

M30　　　　　　　　　　　　　　　　（程序结束）

自变量赋值说明如下。

#1＝（A）　　　　　　　　　　　　　（孔群中第 1 孔和该组中心连接于
　　　　　　　　　　　　　　　　　　X 轴的夹角 α）

#2＝（B）　　　　　　　　　　　　　（每组孔群中各孔间角度间隔 β
　　　　　　　　　　　　　　　　　　（即增量角））

#4＝（I）　　　　　　　　　　　　　（每组孔群中圆周半径）

♯5＝(J)	（孔群中心所在直线与 X 轴的夹角 γ）
♯6＝(K)	（孔群的线性间隔距离）
♯7＝(D)	（孔群组数）
♯9＝(F)	（切削进给速度）
♯11＝(H)	（每一孔群的孔数）
♯18＝(R)	（固定循环中快速逼近 R 点 Z 坐标（非绝对值））
♯24＝(X)	（圆心 X 轴坐标值）
♯25＝(Y)	（圆心 Y 轴坐标系）
♯26＝(Z)	（孔深（系 Z 坐标系，非绝对值））

宏程序 0003. prg

♯13＝1	（孔群序号计数值置 1（即从第 1 孔开始））
WHILE[♯13LE♯7]DO1	（如♯13(孔群序号)≤♯7(孔群组数)，循环 1 继续）
♯20＝[♯24＋[♯13－1]＊♯6＊COS[♯5]]	（第♯13 组孔群中心的 X 坐标值）
♯21＝[♯25＋[♯13－1]＊♯6＊SIN[♯5]]	（第♯13 组孔群中心的 Y 坐标值）
♯3＝1	（孔群中孔序号计数值设 1（从孔群第一孔开始））
WHILE[♯3LE♯11]DO2	（如果♯3(孔序号)≤♯11(孔数 H)，循环 2 继续）
♯8＝[♯1＋[♯3－1]＊♯2]	（孔群中第♯3 个孔对应的角度）
♯22＝[♯20＋♯4＊COS[♯8]]	（孔群中第♯3 个孔中心的 X 坐标值）
♯23＝[♯21＋♯4＊SIN[♯8]]	（孔群中第♯3 个孔中心的 Y 坐标值）
G98 G81 X♯22 Y♯23 Z♯26 R♯18 F♯9	（G81 方式加工孔群中第♯3 个孔）
♯3＝[♯3＋1]	（孔序号♯3 加 1）
END2	（循环 2 结束）
♯13＝[♯13＋1]	（孔群序号加 1）
END1	（循环 1 结束）
G80 Z50	（取消固定循环）
M99	（宏程序结束返回）

3）平行阵列的孔群加工

【例 11.9】 工件中有些孔是以矩阵排列的（见图 11.13），如果行数（或列数）不多时,可以用增量值重复编程,当行数(或列数)比较多时,用下面的宏程序将使编程更加简洁、省时。本案例中相关的表述尽量具有一般性,使程序在实际加工中具有最广泛的适应性。

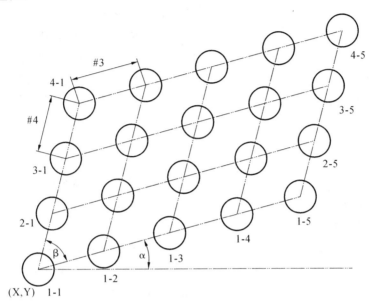

图 11.13 平行阵列的孔群

第 1 个孔(即 1-1)坐标为(X,Y),横向行数为 J(♯5)纵向孔数为 K(♯6)。矩阵=J(横向)＊K(纵向),即孔数＝♯5＊♯6(该例为 4＊5)。加工方式如下。

第 1 行:孔 1-1→1-2→……→1-5

第 2 行:孔 2-5→2-4→……→2-1

第 3 行:孔 3-1→3-2→……→3-5

第 4 行:孔 4-5→4-2→……→4-5

采用这样运行轨迹是为了减少不必要的空行程,按照以上顺序依次运行,直至全部孔都加工完毕为止。整个加工轨迹呈现 S 状,使 G00 抬刀的空行程最短、加工路径最优化。加工效率最高。程序如下。

主程序 004. prg

G54 G90 G00 X0 Y0 Z50　　　　　　　(程序开始定位与原点上方)

M3 S1000　　　　　　　　　　　　　(主轴正转)

G65 X50 Y50 Z－10 R1 F200 A15　　　(宏程序调用 0004. prg(G65 参数子

B60 C18 I14 J5 K4 P0004. prg　　　　　程序中必须写在一行,否则系统报

　　　　　　　　　　　　　　　　　　错))

M30　　　　　　　　　　　　　　　　(程序结束)

自变量赋值说明如下。

#1＝(A)	（矩阵孔群横向中心连线与 X 轴的夹角 α）
#2＝(B)	（矩阵中孔群横向与纵向中心连线角度 β）
#3＝(C)	（矩阵横向孔中心距）
#4＝(I)	（矩阵纵向孔中心距）
#5＝(J)	（矩阵横向孔数（即列数））
#6＝(K)	（矩阵纵向孔数（即行数））
#9＝(F)	（进给速度）
#18＝(R)	（固定循环中快速趋近 R 点 Z 坐标）
#24＝(X)	（圆心 X 坐标值）
#25＝(Y)	（圆心 Y 坐标值）
#26＝(Z)	（孔深）

宏程序 0004. prg

G52 X#24 Y#25	（在第 1 行第 1 孔(1-1)局部坐标系）
G68 X0 Y0 R#1	（孔 1-1(X,Y)为中线旋转角 α）
#10＝1	（（纵向）计数,初始值为 1）
WHILE［#10LE#6］DO1	（如果#10≤#6,循环 1 继续）
#11＝1	（（横向）计数,初始值为 1）
WHILE［#11LE#5］DO2	（如果#11≤#5,循环 2 继续）
IF［［#10AND1］EQ0］GOTO1	（#10 为偶数(2,4,6,…)时 N1 执行返回）
#12＝［#3＊［#11－1］＋#4＊COS［#2］＊［#10－1］］	（出发行(左-右)孔的 X 坐标值）
#13＝［#4＊SIN［#2］＊［#10－1］］	（出发行(左-右)孔的 Y 坐标值）
GOTO5	（跳转到 N5 行）
N1 #12＝［#3＊［#5－#11］＋#4＊COS［#2］＊［#10－1］］	（返回行(右-左)孔的 X 坐标值）
#13＝［#4＊SIN［#2］＊［#10－1］］	（返回行(右-左)孔的 Y 坐标值）
N5 G98 G81 X#12 Y#13 Z#26 R18 F9	（G81 方式加工孔）
#11＝［#11＋1］	（#11 加 1）
END2	（循环 2 结束）
#10＝［#10＋1］	（#10 加 1）
END1	（循环 1 结束）
G80 G69	（取消固定循环,取消坐标系旋转）
G52 X0 Y0	（取消局部坐标系）

M99　　　　　　　　　　　　　　　　　（宏程序结束）

（1）在实际应用中,还可以根据零件形状,按照孔的分布排列,把相同性质的孔归于同一矩阵,对这些不同的矩阵分别处理。

（2）本例综合运用局部坐标系 G52 及坐标系旋转 G68,应特别注意其正确用法。

（3）当♯10 为偶数(2,4,6,8,…)时按照从右-左的顺序执行,即所谓返回行;当♯10 为奇数(1,3,5,7,…)时按照从左-右的顺序执行,即所谓触发行。这样形成了 S 形排序,使加工路径缩短,节省加工时间。

11.2.4.2　口袋及轮廓加工

1.矩形开放区域平面加工

【例 11.10】　在数控加工中,平面加工是最基本、最简单的加工方式,下面说明矩形平面的加工方法。如图 11.14 所示,(X,Y)为对称中心,为 G54 原点。程序如下。

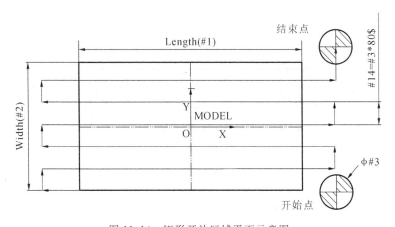

图 11.14　矩形开放区域平面示意图

005. prg

♯1＝	（矩形 X 方向边长 Length）
♯2＝	（矩形 Y 方向边长 Width）
♯3＝	（(平底立铣刀)刀具直径 φ）
♯4＝[－♯2/2]	（Y 坐标设为自变量,赋初始值为－♯2/2）
♯14＝[0.8 * ♯3]	（变量♯14 每次递增量(绝对值)即步距）
♯5＝[[♯1＋♯3]/2＋2]	（开始点的 X 坐标）
G54 G90 G00 X0 Y0 Z50	（程序开始定位于 G54 原点(矩形中心)上方）
M3 S1000	（主轴正转）
X♯5 Y♯4	（快速移动到图中开始点位置）
Z0	（快速移动到 Z0 平面(假设加工平面)）
WHILE[♯4LT[♯2/2＋0.3 * ♯3]]DO1	
	（如果刀具没有加工到上边缘,继续以下循环）

G01 X－♯5 F1000	（G01 移动至左边）
♯4＝［♯4＋♯14］	（Y 坐标即变量♯4 递增♯14）
Y♯4	（Y 坐标向正方向 G01 移动♯4）
X♯5	（G01 移动到右边）
♯4＝［♯4＋♯14］	（Y 坐标即变量♯4 递增♯14）
Y♯4	（Y 坐标向正方向 G01 移动♯4）
	（完成一个循环）
END1	（循环 1 结束）
G00 Z50	（G00 退刀至安全平面）
M30	（程序结束）

注意：这里的条件表达式（第 n 次循环结束的刀具位置在各点的 Y 坐标值）参考图 11.15 中的图形推导。

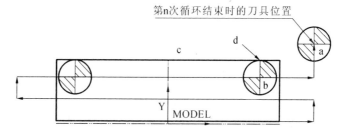

图 11.15　矩形开放区域平面加工示意图

点 a：	Ya＝♯4
点 b：	Yb＝♯4－♯14＝♯4－0.8＊♯3
工件上边缘点 c：	Yc＝♯2/2
刀具上边缘点 d：	Yd＝Yb＋♯3/2

显然，当 Yd＜Yc 时循环应继续，即可推导出：♯4LE［♯2/2＋0.3＊♯3］。

如果上述的平面加工需要在 Z 方向上多次反复加工，即需要通过多次平面加工来分层去除表面余量，则只需对 005.prg 程序进行修改即可，具体参见 006.prg 程序。

006.prg

♯1＝	（矩形 X 方向边长 Length）
♯2＝	（矩形 Y 方向边长 Width）
♯3＝	（（平底立铣刀）刀具直径Φ）
♯4＝［－♯2/2］	（Y 坐标设为自变量，赋初始值为－♯2/2）
♯14＝［0.8＊♯3］	（变量♯4 每次递增量（绝对值），即步距）
♯5＝［［♯1＋♯3］/2＋2］	（开始点的 X 坐标）
♯6＝0	（dZ（绝对值）设为自变量，赋初始值）

```
♯16=                          (Z 坐标(绝对值)每次递增量(每层切深即层
                               深)该程序要求♯16 必须能被♯7 整除)
♯7=                           (需要加工的深度 H(绝对值))
G54 G90 G00 X0 Y0 Z50         (程序开始定位于 G54 原点(矩形中心)上方)
M3 S1000                      (主轴正转)
WHILE[♯6LE♯7]DO1              (如果刀具还没有加工到预定深度,继续循环 1)
♯4=[-♯2/2]                    ((每层平面加工完毕后)重置♯4 为初始值)
X♯5 Y♯4                       (快速移动到图中开始点位置)
Z[-♯6+1]                      (快速移动到加工平面 Z-♯6+1 处)
G01 Z-♯6 F150                 (G01 进给至(第 1 层)加工平面)
WHILE[♯4LT[♯2/2+0.3*♯3]]DO2
                               (如果刀具还没有加工到上方边缘,继续循环 2)
G01 X-♯5 F1000                (G01 移动至左边)
♯4=[♯4+♯14]                   (Y 坐标即变量♯4 递增♯14)
Y♯4                           (Y 坐标向正方向 G01 移动♯4)
X♯5                           (G01 移动到右边)
♯4=[♯4+♯14]                   (Y 坐标即变量♯4 递增♯14)
Y♯4                           (Y 坐标向正方向 G01 移动♯4(完成一个循环))
END2                          (循环 2 结束)
G00 Z5                        (刀具回退到初始平面上方 5 mm 处)
♯6=[♯6+♯16]                   (Z 坐标(绝对值)依次递增♯16(层间距))
END1                          (循环 1 结束)
G00 Z50                       (Z 轴抬起)
M30                           (程序结束)
```

2.四角圆角过渡矩形封闭口袋加工

【例 11.11】 与矩形开放区域相比,矩形封闭区域(即矩形内腔)平面加工在加工时的要求和约束要严格得多,并带有四角圆角过渡,在编程上难度比之前的程序略大,如图 11.16 所示(同样 X,Y 对称中心为 G54 原点,顶面为 Z0 面,矩形内腔尺寸为:长*宽*4R(圆角)*深=♯1*♯2*4R(♯5*4R))。

如果特殊情况下要逆铣,只要把♯11、♯12 其中一个前面加上负号即可(注意,下面程序中共有两处需要修改,即如果决定改♯11,就要把两个♯11 都改过来)。

```
007.prg
♯1=                           (矩形内腔 X 方向上的边长 Length)
♯2=                           (矩形内腔 Y 方向上的边长 Width)
♯3=                           ((平底立铣刀)刀具直径)
♯4=                           (矩形内腔深度 Depth)
```

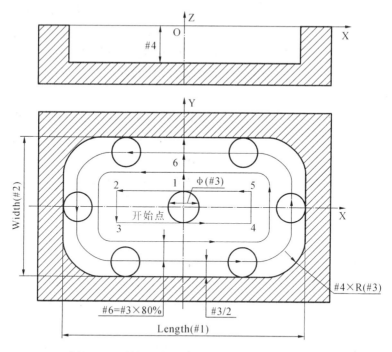

图 11.16　封闭四角圆角过渡矩形内腔加工示意图

$\#13=$　　　　　　　　　　　　（矩形四角圆角 Radius）

$\#5=0$　　　　　　　　　　　　（Z 坐标(绝对值)设为自变量,赋值为 0）

$\#17=$　　　　　　　　　　　　（Z 坐标(绝对值)每次递增量）

$\#6=[0.8*\#3]$　　　　　　　（步距设为刀具直径的 80%）

$\#7=[\#1-\#3]$　　　　　　　（刀具(中心)在内腔中 X 方向上最大的移动距离）

$\#8=[\#2-\#3]$　　　　　　　（刀具(中心)在内腔中 Y 方向上最大的移动距离）

G54 G90 G00 X0 Y0 Z30　　　（程序开始,定位在 G54 原点上方）

M3 S1000　　　　　　　　　　（主轴正转）

WHILE[$\#5$LT$\#4$]]DO1　　　（如果加工深度$\#5<$内腔深度$\#4$,循环 1 继续）

Z[$-\#5+1$]　　　　　　　　　（G00 下降至加工平面 Z−5 以上 1 mm 处）

G01 Z$-[\#5+\#17]$F150　　　（Z 向 G01 下降到加工平面）

IF[$\#1$GE$\#2$]GOTO1　　　　（如果$\#1\geqslant\#2$,跳转至 N1）

N1 $\#9=[$FIX$[\#8/\#6]]$　　　（Y 方向上的最大移动距离除以步距,并向上取整）

IF[$\#1$ GE $\#2$]GOTO3　　　（$\#1\geqslant\#2$,跳转到 N3 行(此时已执行完

	N1))
IF[#1 LT #2]GOTO2	(#1≥#2,跳转到 N2 行)
N2 #9=[FIX[#7/#6]]	(X 方向上最大移动距离除以步距,并向上取整)
IF[#1 LT #2]GOTO3	(#1≥#2,跳转到 N3 行(此时已执行完 N2))
N3 #10=[FIX[#9/2]]	(#9 是奇数或偶数都上取整,重设#10 为初始值)
#18=[#13−#3/2−#10 * #6]	(#18 必须重设(测试#10 为初始值))
WHILE[#10 GE 0]DO2	(如果#10≥0(没有走到最外一圈),循环 2 继续)
N4 IF[#18GT0]GOTO5	(如果#18>0,跳转至 N5 执行带 R 的绕圈的运动)
#11=[#7/2−#10 * #6]	(每圈在 X 方向上的刀具移动的距离目标值(绝对值))
#12=[#8/2−#10 * #6]	(每圈在 Y 方向上的刀具移动的距离目标值(绝对值))
G01 Y#12 F1000	(以 G01 的速度移动到图中 1 点)
X−#11	(以 G01 的速度移动到图中 2 点)
Y−#12	(以 G01 的速度移动到图中 3 点)
X#11	(以 G01 的速度移动到图中 4 点)
Y#12	(以 G01 的速度移动到图中 5 点)
X0	(以 G01 的速度移动到图中 1 点,1 圈结束)
#10=[#10−1]	(#10 依次递减)
N5 IF[#10LT0]GOTO 99	(如果#10<0(即以走完最外一圈),跳转至 N99)
#11=[#7/2−#10 * #6]	(每圈在 X 方向上的刀具移动的距离目标值(绝对值))
#12=[#8/2−#10 * #6]	(每圈在 Y 方向上的刀具移动的距离目标值(绝对值))
#18=[#13−#3/2−#10 * #6]	(每圈在四角圆角处刀具做圆弧运动的半径)
IF[#18LE0]GOTO4	(如果#18≤0,跳转至 N4,此步很重要)
G01Y#12 F1000	(以 G01 的速度移动至图中 1 点)
X−#11,R#18	(以 G01 的速度移动至图中 2 点,圆角过渡#18)

    Y-♯12,R♯18　　　　　　　　（以 G01 的速度移动至图中 3 点,圆角过渡

    　　　　　　　　　　　　　　♯18）

    X♯11,R♯18　　　　　　　　（以 G01 的速度移动至图中 4 点,圆角过渡

    　　　　　　　　　　　　　　♯18）

    Y♯12,R♯18　　　　　　　　（以 G01 的速度移动至图中 5 点,圆角过渡

    　　　　　　　　　　　　　　♯18）

    X0　　　　　　　　　　　　　（以 G01 的速度移动至图中 1 点,1 圈结束）

    ♯10=［♯10-1］　　　　　　（♯10 依次递减至 0）

    END2　　　　　　　　　　　　（循环 2 结束）

N99 G00 Z5　　　　　　　　　　（在一个深度上的加工结束 G00 抬刀至安

    　　　　　　　　　　　　　　全高度）

    X0 Y0　　　　　　　　　　　（G00 快速移动至 G54 原点,准备下一层加

    　　　　　　　　　　　　　　工）

    ♯5=［♯5+♯17］　　　　　　（Z 坐标(绝对值)依次递增♯17）

    END1　　　　　　　　　　　　（循环 1 结束）

    G00 Z50　　　　　　　　　　　（加工结束刀具抬起）

    M30　　　　　　　　　　　　　（程序结束）

    3.其他规则形状口袋加工示例

    1）正多边形内腔加工（中心垂直下刀）

    针对正多边形（即正 n 边形）的内腔加工,这里 n 能被 360°整除即可（如 n=3,4,5,6,8,9,10,12）,即使 n 不能被 360°整除（如 n=7,11,13 等）,也不影响程序的正常运行,只不过会存在一定的绝对误差;除此之外,唯一的限制就是必须有顶点位于+Y 轴上（主要是为了编程方便）,若没有顶点位于+Y 轴上,也可以将程序中的"90"变更、叠加一个旋转角度即可（008.prg）。另外说明一点,如果 n 较大,显示此正 n 边形已经接近圆形。

    【例 11.12】 如图 11.17 所示（中心为 G54 原点,顶面为 Z0 面,在此以正六边形为例）。加工方式为:使用平底立铣刀,每次从中心下刀,向 Y 正方向走第一段距离,然后依次从点 O→1→2→3→4→5→6→1,逆时针方向走刀,全部采用顺铣,走完最外圈后提刀返回中心,进给至下一层继续,直至到达预定深度为止。

    由图 11.17 可知,△OPM 是编程的关键,角度 α=360/(2n),而线段 ON 的长度则直接由程序循环次数来自动判断,ON=OM-MN=OP * COSα-刀具半径。

    此外,还利用极坐标系,使程序非常简洁、精炼。如果特殊情况下要逆铣,只要把下面程序中"Y[90+♯11 * ♯7]"改为"Y[-♯11 * 7]"即可（角度顺时针方向变化）。

    008.prg

    ♯1=　　　　　　　　　　　　（多边形边数 n）

    ♯2=　　　　　　　　　　　　（多边形外接圆的直径φ）

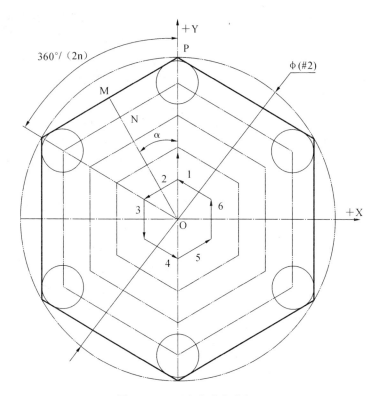

图 11.17　正多边形内腔加工

#3=	(内腔的深度 Depth(绝对值))
#4=	((平底立铣刀)刀具直径 Φ)
#5=0	(Z 坐标初始值 0(绝对值))
#17=	(Z 坐标每层递增量,即每层深度)
#6=[0.8 * #4]	(步距刀具直径的 80%)
#7=[360/#1]	(多边形一边对应的角 α)
#8=[[#2/2] * COS[#7/2]−#4/2]	(图中线段 ON 长度)
G54 G90 G00 X0 Y0 Z50	(程序开始,位于 G54 原点上方安全高度)
M3 S1000	(主轴正转)
G16	(极坐标)
WHILE[#5LT#3]DO1	(如果加工深度 #5＜内腔深度 #3,循环 1 继续)
Z[−#5+1]	(G00 下降至当前加工平面 Z−#5 以上 1 mm 处)
G01 Z−[#5+#17]F150	(Z 向 G01 下降至当前加工深度)
#9=[FIX[#8/#6]]	(线段 ON 除以步距并向上取整)

WHILE[[♯9GE0]DO2　　　　　　　（如果♯9≥0（即还没有走到最外圈），
　　　　　　　　　　　　　　　　　循环 2 继续）

♯10＝[[♯8－♯9＊♯6]/COS[♯7/2]]（每圈在极径上移动的距离）

G01 X♯10 Y90 F1000　　　　　　　（G01 移动到图中点 1（极径♯10，极
　　　　　　　　　　　　　　　　　角 90°））

♯11＝1　　　　　　　　　　　　　（每圈重置♯11 为初始值 1）

WHILE[♯11LE♯1]DO3　　　　　　　（如果♯11≤♯1，循环 3 继续）

Y[90＋♯11＊♯7]　　　　　　　　　（极径（♯11）不变极角，依次递增♯7）

♯11＝[♯11＋1]　　　　　　　　　（♯11 依次递增至♯1）

END3　　　　　　　　　　　　　　（循环 3 结束（第 1 圈已走完，此时♯11
　　　　　　　　　　　　　　　　　＞♯1））

♯9＝[♯9－1]　　　　　　　　　　（♯9 依次递减）

END2　　　　　　　　　　　　　　（循环 2 结束（此时♯9＝0））

G00 Z5　　　　　　　　　　　　　（G00 抬刀到安全高度）

X0 Y0　　　　　　　　　　　　　　（G00 快速移动到 G54 原点位置）

♯5＝[♯5＋♯17]　　　　　　　　　（Z 坐标值依次递增♯17）

END1　　　　　　　　　　　　　　（循环 1 结束）

G15　　　　　　　　　　　　　　　（取消极坐标）

G00 Z50　　　　　　　　　　　　　（Z 轴抬起到 Z 坐标 50 mm 处）

M30　　　　　　　　　　　　　　　（程序结束）

2) 椭圆内腔加工（中心垂直下刀）

椭圆的口袋加工及轮廓加工可以说是宏程序中非圆曲线加工的经典应用，而椭圆的参数方程无疑是个非常方便、有用的重要数学工具，它使椭圆的宏程序编写"看上去很简单"。但是如果对椭圆本身以及刀具运动的几何特性了解不深，则很容易误入歧途。

【例 11.13】　椭圆的内腔加工。刀具轨迹的运行参考（封闭矩形口袋加工）如图 11.18 所示，椭圆中心坐标为 (X, Y)，椭圆的长轴、短轴长度分别为♯1、♯2，椭圆长半轴轴线与水平夹角为♯4。主程序为 009.prg（宏程序调用为 0009.prg），宏程序 0009.prg 所表述的刀具中心运动轨迹主要由从小到大的若干个标准的椭圆组成，用于去除中间大部分余料。在给宏程序 0009.prg 中♯1、♯2 赋值时必须预留足够大的余量（这里建议单边预留 2 mm，椭圆越"扁"预留量越大，主要取决于数学经验，不一定非常精准），否则可能将造成过切。

(1)粗加工。

009.prg

G54 G90 G00 X0 Y0　　　　　　　（程序开始，定位在 G54 原点上方）

M3 S1000　　　　　　　　　　　　（主轴正转）

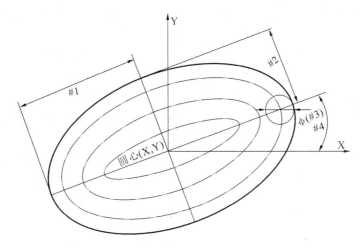

图 11.18　椭圆内腔粗加工示意图

G65 X50 Y20 Z−10 A48 B28 C10

I20 J0 Q2 R0 S1 F1000 P0009.prg　　　（调用程序 0009.prg）

M30　　　　　　　　　　　　　　　　（程序结束）

自变量赋值说明如下。

#1＝（A）　　　　　　　　　　　　　（椭圆长半轴(对应 X 轴)）

#2＝（B）　　　　　　　　　　　　　（椭圆短半轴(对应 Y 轴)）

#3＝（C）　　　　　　　　　　　　　（(立铣刀)刀具直径 φ）

#4＝（I）　　　　　　　　　　　　　（椭圆长半轴的轴线与水平的夹角（＋X 方向)）

#5＝（J）　　　　　　　　　　　　　（Z 坐标设为自变量）

#17＝（Q）　　　　　　　　　　　　（Z 坐标每次递减量）

#18＝（R）　　　　　　　　　　　　（角度设为自变量,赋初始值为 0）

#19＝（S）　　　　　　　　　　　　（角度#18 每次递增量）

#24＝（X）　　　　　　　　　　　　（椭圆中心 X 坐标值）

#25＝（Y）　　　　　　　　　　　　（椭圆中心 Y 坐标值）

#26＝（Z）　　　　　　　　　　　　（椭圆内腔底部 Z 坐标值）

0009.prg

G52 X#24 Y#25　　　　　　　　　　　（在椭圆中心(X,Y)建立局部坐标系）

G00 X0 Y0　　　　　　　　　　　　　（定位至椭圆中心）

G68 X0 Y0 R#4　　　　　　　　　　　（旋转局部坐标系#4）

#6＝[0.8 * #3]　　　　　　　　　　　（步距设为刀具的 80%）

#7＝[#1 * 2−#3]　　　　　　　　　　（刀具中心在内腔长半轴 X 轴上的最大移动距离）

♯8＝［♯2＊2－♯3］	（刀具中心在内腔长半轴 Y 轴上的最大移动距离）
WHILE［♯5GT♯26］DO1	（♯5＞♯26，循环 1 继续）
Z［♯5＋1］	（G00 刀具快速抵达 Z－♯5 上 1 mm）
G01 Z［♯5－♯17］F［♯9＊0.2］	（G01 刀具下降到当前加工深度）
♯9＝［FIX［♯8/♯6］］	（短轴（Y）方向上最大移动距离除以步距并向上取整）
♯10＝［FIX［♯9/2］］	（♯9 是奇数或偶数都向上取整，重设♯10 为初始值）
WHILE［♯10GE0］DO2	（如果♯10≥0（即还没有走到最外圈），循环 2 继续）
♯11＝［♯7/2－♯10＊♯6］	（每圈需要移动的"长轴"目标值）
♯12＝［♯8/2－♯10＊♯6］	（每圈需要移动的"短轴"目标值）
♯18＝0	（重置角度♯18，初始为 0）
WHILE［♯18LE360］DO3	（如♯18≤360（即为走完一圈 360°），循环 3 继续）
♯13＝［♯11＊COS［♯18］］	（椭圆上一点的 X 坐标）
♯14＝［♯12＊SIN［♯18］］	（椭圆上一点的 Y 坐标）
G01 X♯13 Y♯14 F♯9	（G01 逼近走出椭圆）
♯18＝［♯18＋♯19］	（角度♯18 每次以♯19 递增）
END3	（循环 3 结束（完成一圈椭圆，此时♯18＝360））
♯10＝［♯10－1］	（♯10 依次递减）
END2	（循环 2 结束（最外一圈走完，此时♯10＝0））
G00 Z50	（G00 抬刀到安全高度）
X0 Y0	（回到 G54 坐标原点）
♯5＝［♯5－♯17］	（Z 坐标每次递增♯17）
END1	（循环 1 结束（此时♯5＝♯26））
G69	（取消坐标旋转）
G52 X0 Y0	（取消局部变量）
M99	（宏程序结束并返回主程序）

① 如果特殊情况下要逆铣，只要把宏程序 0009. prg 中的"♯14＝［♯12＊SIN［♯18］］"语句改为"♯14＝［－♯12＊SIN［♯18］］"即可，其余部分完全不变。

② ♯18 既能整除 360，即 360 是♯18 的倍数。

③ ♯17 的设置也应小心，需保证♯26 能被♯17 整除。

④ 由于每层都是在中心垂直下刀,加工前可以考虑先行在内腔中加工一个圆孔。

(2) 精加工。图 11.19 所示为椭圆内腔精加工示意图,程序如下。

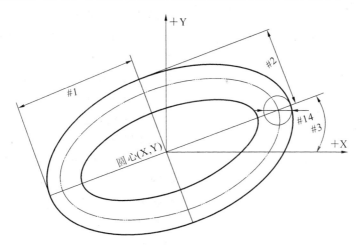

图 11.19 椭圆内腔精加工示意图

010. prg

G54 G90 G00 X0 Y0 Z50 （程序开始,定位在 G54 原点上方）

M3 S1000 （主轴正转）

G65 X40 Y20 A50 B30 C30 I0 M10

H6 Q2 D90 E1 F1000 P0010. prg （调用程序 0010. prg）

M30 （程序结束）

自变量赋值说明如下。

#1=（A） （椭圆长轴（对应 X 轴））

#2=（B） （椭圆短轴（对应 Y 轴））

#3=(C) （椭圆长轴的轴线与水平的夹角（+X 方向））

#4=(I) （dZ(绝对值)设为自变量,赋初始值 0）

#14=(M) （刀具直径 φ）

#11=(H) （椭圆深度（绝对值））

#17=(Q) （自变量#4 每次递增量）

#7=(D) （角度设为自变量,赋初始值 90）

#8=(E) （角度#7 每次递增量）

#9=(F) （进给速度 F）

#24=（X） （椭圆中心 X 坐标值）

#25=（Y） （椭圆中心 Y 坐标值）

```
0010. prg
G52 X♯24 Y♯25                    （在椭圆中心（X,Y）处建立局部坐标系）
G00 X0 Y0                        （定位至椭圆中心处）
G68 X0 Y0 R♯3                    （旋转坐标系♯3,单位为（°））
WHILE［♯4LE11］DO1               （如果加工深度♯4≤♯11,循环1结束）
♯7＝90                           （重置角度♯7初始值90）
♯14＝10                          （重置刀具直径）
G00 X0 Y［♯2－♯14/2］            （G00快速到达下刀点位置）
Z［－♯4＋1］                      （Z方向快速到达Z－♯4以上1 mm处）
G01 Z－♯4F［♯9＊0.2］            （G01速度下降当前加工深度）
WHILE［♯7LE450］DO2              （如♯7≤450(360＋90＝450),循环2继续）
♯5＝［［♯1－♯14/2］＊COS［♯7］］   （椭圆上一点的X坐标值）
♯6＝［［♯2－♯14/2］＊SIN［♯7］］   （椭圆上一点的Y坐标值）
G01 X♯5 Y♯6 F♯9                 （以G01逼近走出椭圆（逆时针方向））
♯7＝［♯7＋♯8］                   （角度♯7递增♯8）
END2                            （循环2结束）
♯4＝［♯4＋♯17］                  （Z坐标依次递增♯17）
END1                            （循环1结束）
G69                             （取消旋转）
G52 X0 Y0                       （取消局部坐标系）
G00 Z50                         （Z轴快速抬起到安全距离）
M99                             （宏程序结束并返回主程序）
```

注意:以G01逼近椭圆轨迹,角度每次递增量越小,轮廓越接近理论值(与CAD/CAM软件编程原理相似)。

11.2.4.3　内/外球面及倒R面加工

在介绍曲面加工宏程序的书籍或文字中,由于数学表达和运行描述比较难,一般只是给出曲面精加工宏程序,较少涉及去除体积的粗加工。下面将结合具体的数控加工工艺,针对粗、精加工的不同情形来介绍曲面加工宏程序的数学原理和加工特点。

球面加工在宏程序中也占有非常重要的地位,在本节中将分别针对外球面和内球面,以及粗精加工的不同情况,介绍相关程序。

1.外球面加工

1）从上而下等高体积粗加工（平底立铣刀）

【例11.14】　如图11.20所示,无论外球面是标准的半球还是半球面的一部分(即球冠),均假设待加工的毛坯为一个圆柱体,图11.20中剖面线部分即为使用平底立铣刀进行粗加工时需要去除的部分。粗加工使用平底立铣刀,自上而下以等高方式逐层去除余量,每层以 G02 方式走刀(顺铣);在每层加工时如果被去除部分的宽度大于刀具直径,则还需要由外至内多次完成 G02 方式走刀;为便于描述和对比,每层加工时刀具的开始和结束位置均指定在 ZX 平面内的 +X 方向上。程序如下。

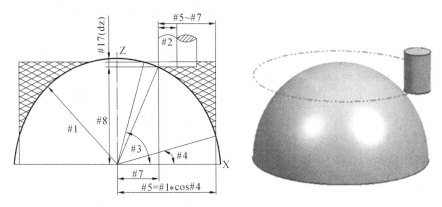

图 11.20 外球面自上而下等高体积粗加工(平底立铣刀)

```
011. prg
G54 G90 G00 X0 Y0                    (程序开始定位在 G54 原点)
M3 S1000                             (主轴正转)
G65 X50 Y−20 Z−10 A20 B2
C90 I0 Q1 P0011. prg                 (调用宏程序 0011. prg)
M30                                  (程序结束)
```

自变量赋值说明如下。

#1=(A)	(外球面圆弧半径 Radius)
#2=(B)	(平底立铣刀半径 radius)
#3=(C)	(外球面起始角 start angle,#3≤90)
#4=(I)	(外球面终止角 end angle,#4≥0)
#17=(Q)	(Z 坐标每次递减量,每层切深,即层间距)
#24=(X)	(球心在工件坐标系 G54 中的 X 坐标)
#25=(Y)	(球心在工件坐标系 G54 中的 Y 坐标)
#26=(Z)	(球心在工件坐标系 G54 中的 Z 坐标)

```
0011. prg
G52 X#24 Y#25 Z#26                   (在球面中心(X,Y,Z)建立坐标系)
G00 X0 Y0 Z[#1+30]                   (定位至球面中心上方安全点)
#5=[#1 * COS[#4]]                    (终止高度上接触点的 X 坐标(即毛坯半径))
#6=[1.6 * #2]                        (步距设为刀具直径的 80%)
#8=[#1 * SIN[#3]]                    (任意高度上刀尖的 Z 坐标值设为自变量)
```

#9＝[#1＊SIN[#4]]	(终止高度上刀尖的 Z 坐标值)
WHILE[#8GT#9]DO1	(如果#8＞#9，循环 1 继续)
X[#5＋#2＋1]Y0	((每层)G00 快速移动到毛坯外侧)
Z[#8＋1]	(G00 下降至 Z#8 以上 1 mm 处)
#18＝[#8－#17]	(当前加工深度(切削到材料时)对应的 Z 坐标值)
G01 Z#18 F150	(G01 下降至当前加工深度(切削到材料时))
#7＝[SQRT[#1＊#1－#18＊#18]]	
	(任意高度上刀具与球面接触点 X 坐标值)
#10＝[#5－#7]	(任意高度上被去除部分的宽度)
#11＝[FIX[#10/#6]]	(每层被去除宽度除以步距并上取整)
WHILE[#11GE0]DO2	(如#11≥0(即还没走到最内一圈)，循环 2 结束)
#12＝[#7＋#11＊#6＋#2]	(每层(刀具中心)在 X 方向上移动的 X 坐标目标值)
G01 X#12 Y0 F1000	(以 G01 移动到第一目标点)
G02 I－#12	(顺时针方向走整圆)
#11＝[#11－1]	(自变量#11(每层走刀圈数)依次递减)
END2	(循环 2 结束(最内 1 圈已走完))
G00 Z[#1＋30]	(G00 抬刀至安全高度)
#8＝[#8－#17]	(Z 坐标自变量#8 递减#17)
END1	(循环 1 结束)
G00 Z[#1＋30]	(G00 抬刀至安全高度)
G52 X0 Y0 Z0	(取消局部坐标系)
M99	(宏程序结束并返回主程序)

(1) 如果#3＝90，#4＝0，即对应于一个完整(标准)半球面。

(2) 如果特殊情况下要逆铣时，只需要把 G02 改为 G03，其余部分基本不变。

2) 从下而上等角度水平圆弧环绕精加工(球头铣刀)

【例 11.15】 从加工工艺上看，最合理、最精良的走刀方式应给是以角度为自变量的等角度水平环绕加工；从数学表达式上看，也是最简洁明了的语句。如图 11.21 所示，无论需要加工的外球面是一个完整的半球面还是半球面上的一部分(即球冠)，每层都是以 G02 方式走刀，如果对加工顺序作更深入的分析，自下而上的"上拖"式更加优于自上而下的"下插"式；同样的，也更便于描述和对比，每层加工时刀具的开始和结束位置均指定在 ZX 平面内＋X 方向上。精加工程序如下。

```
012.prg
G54 G90 G00 X0 Y0                    (程序开始定位于 G54 原点)
```

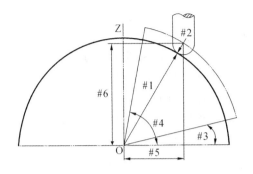 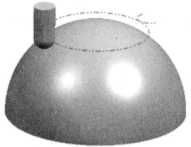

图 11.21　外球面自下而上等高体积精加工(球头铣刀)

M3 S1000　　　　　　　　　　　　　　（主轴正转）

G65 X50 Y－20 Z－10 A20

B2 C0 I90 Q1 P0012. prg　　　　　　　（调用宏程序 0012. prg）

M30　　　　　　　　　　　　　　　　（程序结束）

自变量赋值说明如下。

$\sharp 1$＝（A）　　　　　　　　　　　　（外球面圆弧半径 Radius）

$\sharp 2$＝（B）　　　　　　　　　　　　（平底立铣刀半径 radius）

$\sharp 3$＝（C）　　　　　　　　　　　　（外球面起始角 start angle，$\sharp 3 \leqslant 90$）

$\sharp 4$＝（I）　　　　　　　　　　　　（外球面终止角 end angle，$\sharp 4 \geqslant 0$）

$\sharp 17$＝（Q）　　　　　　　　　　　（Z 坐标每次递减量，每层切深，即层间距）

$\sharp 24$＝（X）　　　　　　　　　　　（球心在工件坐标系 G54 中的 X 坐标）

$\sharp 25$＝（Y）　　　　　　　　　　　（球心在工件坐标系 G54 中的 Y 坐标）

$\sharp 26$＝（Z）　　　　　　　　　　　（球心在工件坐标系 G54 中的 Z 坐标）

0012. prg

G52 X$\sharp 24$ Y$\sharp 25$ Z$\sharp 26$　　　　　（在球面中心(X,Y,Z)建立坐标系）

G00 X0 Y0 Z[$\sharp 1$＋30]　　　　　　（定位至球面中心上方安全点）

$\sharp 12$＝[$\sharp 1$＋$\sharp 2$]　　　　　　　　（球心与刀心连线距离(常量)）

WHILE[$\sharp 3$LT$\sharp 4$]DO1　　　　　　（如果$\sharp 3 < \sharp 4$,循环 1 结束）

$\sharp 5$＝[$\sharp 12$＊COS[$\sharp 3$]]　　　　　（任意角度时铣刀球心的 X 坐标值(绝对值)）

$\sharp 6$＝[$\sharp 12$＊SIN[$\sharp 3$]]　　　　　（任意角度时铣刀球心的 Y 坐标值(绝对值)）

$\sharp 7$＝[$\sharp 6$＋$\sharp 2$]　　　　　　　　（任意角度时刀尖的 Z 坐标值(绝对值)）

X[$\sharp 5$＋$\sharp 2$]Y$\sharp 2$　　　　　　　（G00 定位至进刀处）

Z$\sharp 7$　　　　　　　　　　　　　　（G00 移动到当前 Z 坐标处）

G03 X$\sharp 5$ Y0 R$\sharp 2$F2000　　　　　（G03 圆弧进刀）

G02 I－$\sharp 5$　　　　　　　　　　　（沿球面 G02 走整圆）

G03 X[＃5＋＃2]Y－＃2 R＃2 　　（G03 圆弧退刀）

G00Z[＃7＋1] 　　（在当前高度 G00 抬刀 1 mm）

Y＃2 　　（Y 方向 G00 移动到进刀点）

＃3＝[＃3＋＃17] 　　（角度＃3 每层递增＃17）

END1 　　（循环 1 结束）

G00 Z[＃1＋30] 　　（G00 抬刀至安全高度）

G52 X0 Y0 Z0 　　（取消局部坐标系）

M99 　　（宏程序结束并返回）

注意：

（1）如果＃3＝90，＃4＝0，即对应与一个完整（标准）半球面。

（2）如果特殊情况下要逆铣时，只需要把 G02 改为 G03，其余部分基本不变。

2.内球面加工

1）从上而下的等高体积粗加工（平底铣刀）

【例 11.16】 内球面加工与外球面加工很相似。如图 11.22 所示，假设待加工的毛坯为一个圆柱形内腔，粗加工方式为使用平底立铣刀，每次从中心垂直下刀，向 X 正方向走第一段距离，逆时针方向走整圆，却不采用顺铣方式，走完最外圈后提刀返回中心，切削下一层，直至到达预定深度，从上而下以等高方式逐层去除余料。程序如下。

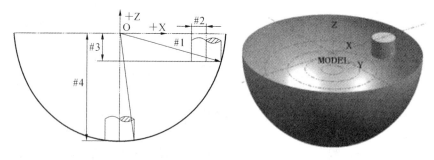

图 11.22　内球面从上而下的等高体积粗加工（平底立铣刀）

013.prg

G54 G90 G00 X0 Y0 　　（程序开始，定位于 G54 原点）

M3 S1000 　　（主轴正转）

G65 X50 Y－20 Z－10 A20

B3 C0 I－19.77 Q1 P0013.prg 　　（调用宏程序 0013.prg）

M30 　　（程序结束）

自变量赋值说明如下。

＃1＝（A） 　　（内球面圆弧半径 Radius）

＃2＝（B） 　　（平底立铣刀半径 radius）

#3=(C)	(Z 坐标值设为自变量,赋初始值 0)
#4=(I)	(平底铣刀到达内球面底部 Z 坐标,如果为标准版半球则;#4=-[SQRT[#1 * #1-#2 * #2]])
#17=(Q)	(Z 坐标每次递增量(每层切深的距离))
#24=(X)	(圆球中心在坐标系 G54 中的 X 坐标)
#25=(Y)	(圆球中心在坐标系 G54 中的 Y 坐标)
#26=(Z)	(圆球中心在坐标系 G54 中的 Z 坐标)
0013. prg	
G52 X#24 Y#25 Z#26	(在球面中心(X,Y,Z)建立坐标系)
G00 X0 Y0 Z50	(定位至球面中心上方安全点)
#5=[1.6 * 2]	(步距设为刀具直径 80%)
#3=[#3-#17]	(自变量#3,赋予第 1 刀初始值(切削到材料))
WHILE[#3GE#4]DO1	(如果 Z 坐标#3>#4,循环 1 结束)
Z[#3+1]	(G00 下降至 Z#3 面以上加 1)
G01 Z#3 F150	(Z 方向 G01 下降至当前加工深度 Z#3)
#7=[SQRT[#1 * #1-#3 * #3]-#2]	
	(任意深度时刀具中心对应的 X 坐标值)
#8=[FIX[#7/#5]]	(任意深度时刀具中心在内腔的最大回转半径除以步距并向上取整,重设#18 为初始值)
WHILE[#8GE0]DO2	(如果#8≥0(即还没有走到最外一圈),循环 2 继续)
#9=[#7-#8 * #5]	(每圈在 X 方向上移动的距离目标值(绝对值))
G01 X#9 F500	(以 G01 移动到 X#9 点)
G03 I-#9 F1000	(逆时针方向走整圆)
#8=[#8-1]	(#8 依次递减)
END2	(循环 2 结束(最外 1 圈已走完))
G00 Z1	(G00 抬刀至高度 1 mm 处)
X0 Y0	(G00 快速回到 G54 原点,准备下一层加工)
#3=[#3-#17]	(Z 坐标依次递减#17(层间距))
END1	(循环 1 结束(此时#3=#4))
G52 X0 Y0	(取消局部坐标系)

M99　　　　　　　　　　　　　　　（宏程序结束并返回）

（1）为了描述方便，♯3赋值为0，而且采用了中心下刀方式。

（2）如果是一个标准半球，则不需要对♯4进行赋值（I），而只需在宏程序"♯5＝[1.6＊♯2]"前面增加一句"♯4＝[SQRT[♯1＊♯1－♯2＊♯2]]"。

（3）应确保实际加工深度♯4能被♯17整除。

（4）如果特殊情况下要逆铣时，只需要把G02改为G03，其余部分基本不变。

2）从上而下加工等角度水平圆弧环绕曲面精加工（球头铣刀）

【例11.17】　可参考之前的外球面环绕曲面精加工。如图11.23所示，每层都是以G03方式走刀，由于是内凹曲面，需要采用从上而下的加工顺序；同样的，为便于描述与对比，每层加工时刀具的开始和结束位置重合，均指定在ZX平面内的＋X方向上。也由于是内凹曲面，为避免过切，这里不适宜采用圆弧切入和圆弧切出的进刀与退刀方式，另外，在相邻的两层之间刀具的运动由G03圆弧插补方式相连。程序如下。

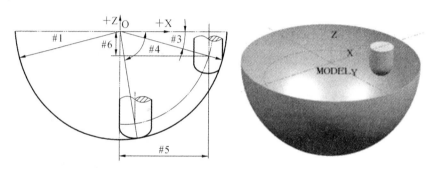

图11.23　内球面自上而下水平圆弧环绕精加工（球头铣刀）

014. prg

G54 G90 G00 X0 Y0　　　　　　　　（程序开始，定位于G54原点）

M3 S1000　　　　　　　　　　　　（主轴正转）

G65 X50 Y－20 Z－10 A20 B3 C0 I90 Q1 P0014. prg　　（调用0014. prg）

M30　　　　　　　　　　　　　　　（程序结束）

自变量赋值说明如下。

♯1＝（A）　　　　　　　　　　　　（内球面圆弧半径 Radius）

♯2＝（B）　　　　　　　　　　　　（球头铣刀半径 radius）

♯3＝（C）　　　　　　　　　　　　（（ZX平面）角度设置自变量赋予初始值 start angle）

♯4＝（I）　　　　　　　　　　　　（球面终止角度（end angle），♯4≤90）

♯17＝（Q）　　　　　　　　　　　（Z坐标每次递增量（每层切深的距离））

♯24＝（X）　　　　　　　　　　　（圆球中心在坐标系G54中的X坐标）

♯25＝（Y）　　　　　　　　　　　（圆球中心在坐标系G54中的Y坐标）

```
♯26＝(Z)                             (圆球中心在坐标系 G54 中的 Z 坐标)
0014. prg
G52 X♯24 Y♯25 Z♯26                  (在球面中心(X,Y,Z)建立坐标系)
G00 X0 Y0 Z50                       (定位至球面中心上方安全点)
♯12＝[♯1－♯2]                        (球心与刀心连线距离(常量))
♯5＝[♯12 * COS[♯3]]                 (初始点刀心(刀尖)的 X 坐标值(绝对
                                    值))
♯6＝[－♯12 * SIN[♯3]]               (初始点刀心的 Z 坐标值)
X[♯5－♯2]                           (X 方向 G00 移动到距初始点 2 mm 处)
Z[♯6－♯2]                           (G00 下降至初始点刀尖的 Z 坐标值)
G01 X♯5 F400                        (X 方向 G01 进给至初始点)
WHILE[♯3LT♯4]DO1                    (如果♯3＜♯4,循环 1 继续)
♯5＝[♯12 * COS[♯3]]                 (任意角度时当前层刀心(刀尖)的 X 坐标
                                    值)
♯7＝[♯12 * COS[♯3＋♯17]]            (下一层刀心(即刀尖)的 X 坐标值(绝对
                                    值))
♯8＝[－♯12 * SIN[♯3＋♯17]－♯2]
                                    (下一层刀尖的 Z 坐标值(绝对值))
G17 G03I－♯5 F1000                  (G17 平面(当前层)沿球面 G03 走整圆)
G18 G03 X♯7 Z♯8 R♯12 F400           (G18 平面内当前层以 G03 过渡至下一层)
♯3＝[♯3＋♯17]                        (角度♯3 每次递增♯17)
END1                               (循环 1 结束)
G00 Z50                            (以 G00 速度 Z 抬起至安全高度)
G52 X0 Y0 Z0                       (取消局部坐标系)
M99                                (宏程序结束并返回)
```

(1) 如果♯3＝0,♯4＝90,即对应与一个完整(标准)半球面。

(2) 如果特殊情况下要逆铣,只需把程序中的"G17 G03"改为"G17 G02"即可,其余部分基本不变。

11.2.4.4　G10 指令在宏程序中的应用

本节讲述 G10 指令的基本原理及使用规则,并以任意轮廓顶部与底部倒 R 面加工为介绍具体用法。本节将在深度上和广度上对 G10 指令的应用进行扩展,即针对平面任意轮廓(无论是开放轮廓还是封闭轮廓)的肘部倒 R 来说明 G10 指令的使用方法,使之具有更广泛的代表性。

1.平面任意轮廓周边顶部倒 R 面加工(球头刀)

【例 11.18】　如图 11.24 所示,平面任意轮廓周边与顶部平面形成弧面(倒 R),使用球头铣刀加工该 R 面,无论是开放轮廓还是封闭轮廓,只要每次(每层)都在同一地方开始和结束,就可以实现相关的倒 R 面加工,这里我们假设为 Z0。程序如下。

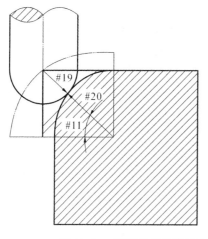

图 11.24　平面任意轮廓周边顶部倒 R 面(球头铣刀)示意图

♯19＝	((球头铣刀)刀具半径 radius)
♯20＝	(周边倒 R 面圆角半径 Radius)
♯11＝ 0	(角度设为自变量,赋初始值为 0)
♯21＝[♯19＋♯20]	(倒 R 面圆形与刀心连线距离(常量))
G54 G90 G00 G40 X0 Y0 Z50	(程序开始,定位至 G54 原点上方)
M3 S1000	(主轴正转)
N5 IF[♯11GT90] GOTO 99	(如果加工角度♯11＞90,跳转至 N99)
X 下刀点 Y 下刀点	(快移至下刀点上方)
♯22＝[♯21＊COS[♯11]]	(任意角度时刀轴线到倒 R 面圆心水平距离)
♯23＝[♯21＊[SIN[♯11]－1]]	(任意角度时刀尖 Z 坐标(非绝对值))
♯24＝[♯22－♯20]	(任意角度时对应的刀具半径补偿值)
G00 Z2	(Z 向快速降低到 Z2 处)
G01 Z♯23 F2000	(以 G01 速度进给至当前加工深度)
G10 L12 P01 R♯24	(变量♯24 赋予刀具半径补偿值)
G41 D01 X 起点 Y 起点 F1000	(以 G01 速度进给至轮廓起点)

(任意轮廓自身的加工程序,开放轮廓或封闭轮廓)(以下部轮廓为加工基准轮廓)

♯11＝[♯11＋1]	(角度♯11 每次以 1 递增)
G00 Z50	(快速抬刀至安全高度)
G40	(取消刀具补偿(非常重要))
GOTO5	(无条件跳转到 N5 行)
G00 Z50	(快速抬刀至安全高度)

N99 G40 X0 Y150   （取消刀补并快速移出工作台）

M30   （程序结束）

（1）上述"任意轮廓自身的加工程序"只是针对一般的带有刀具半径补偿 G41 或 G42 的常规编程方法，如果在该轮廓的加工程序中没有应用刀补 G41 或 G42 而直接对刀具中心运行轨迹进行编程，例如，在之前所述的四边形和正多边形的各种情形，则需要把程序中的语句"♯23＝♯19－♯22"改为"♯23＝－♯22"，其余部分不需再做其他处理。

（2）本例虽然是描述加工外（封闭）轮廓，但是对于加工内（封闭）轮廓也是完全适用的，需要注意的是在 G41 语句前应选用合理的下刀点。

（3）程序中角度变了，♯11 的递增可以根据粗、精加工等不同工艺要求而定。

（4）在本例中采用自下而上的方式，如果要改用自上而下的方式，可按照表 11.6 修改。

表 11.6 不同加工方式的程序

自下而上	自上而下
♯11＝0	♯11＝90
IF［♯11GT0］GOTO99	IF［♯11LE0］GOTO99
♯11＝［♯11＋1］	♯11＝［♯11－1］

2. 平面任意轮廓周边底部倒 R 面加工（球头刀）

【例 11.19】 如图 11.25 所示，平面任意轮廓周边与底部平行圆角过渡（即内凹的倒 R 面）这里假设定面为 Z0 面。程序如下。

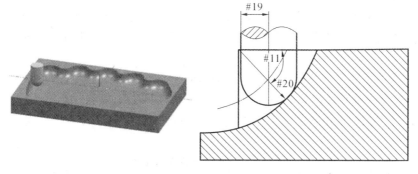

图 11.25 平面任意轮廓周边底部倒 R 面（球头铣刀）示意图

♯19＝   （（球头铣刀）刀具半径 radius）

♯20＝   （周边倒 R 面圆角半径 Radius）

♯11＝ 90   （角度设为自变量，赋初始值为 90）

♯21＝［♯20－♯19］   （倒 R 面圆形与刀心连线距离（常量））

G54 G90 G00 G40 X0 Y0 Z50   （程序开始，定位至 G54 原点上方）

M3 S1000	（主轴正转）
N5 IF［＃11GT90］GOTO 99	（如果加工角度＃11＞90,跳转至 N99）
X 下刀点 Y 下刀点	（快移至下刀点上方）
＃22＝［＃21＊COS［＃11］］	（任意角度时刀轴线到倒 R 面圆心水平距离）
＃23＝［－＃21＊［SIN［＃11］－＃19］］	（任意角度时刀尖 Z 坐标(非绝对值)）
＃24＝［＃20－＃22］	（任意角度时对应的刀具半径补偿值）
G00 Z2	（Z 向快速降低到 Z2 处）
G01 Z＃23 F2000	（以 G01 速度进给至当前加工深度）
G10 L12 P01 R＃24	（变量＃24 赋予刀具半径补偿值）
G41 D01 X 起点 Y 起点 F1000	（以 G01 速度进给至轮廓起点）
（任意轮廓自身的加工程序,开放轮廓或封闭轮廓）（以下部轮廓为加工基准轮廓）	
＃11＝［＃11＋1］	（角度＃11 每次以 1 递增）
G00 Z50	（快速抬刀至安全高度）
G40	（取消刀具补偿(非常重要)）
GOTO5	（无条件跳转到 N5 行）
G00 Z50	（快速抬刀至安全高度）
N99 G40 X0 Y150	（取消刀补并快速移出工作台以便操作）
M30	（程序结束）

（1）上述"任意轮廓自身的加工程序"只是针对一般的带有刀具半径补偿 G41 或 G42 的常规编程方法,如果在该轮廓的加工程序中没有应用刀补 G41 或 G42 而直接对刀具中心运行轨迹进行编程,例如,在之前所述的四边形和正多边形的各种情形,则需要把程序中的语句"＃23＝＃19－＃22"改为"＃23＝－＃22",其余部分不需再做其他处理。

（2）本例虽然是描述加工外(封闭)轮廓,但是对于加工内(封闭)轮廓也是完全适用的,需要注意的是在 G41 语句前应选用合理的下刀点。

（3）在本例中采用自下而上的方式,如果要改用自上而下的方式可按照表 11.7 修改。

表 11.7　不同加工方式的程序

自下而上	自上而下
＃11＝0	＃11＝90
IF［＃11GT0］GOTO99	IF［＃11LE0］GOTO99
＃11＝［＃11＋1］	＃11＝［＃11－1］

第 12 章　数控装置操作

12.1　数控装置通/断电与开机后界面各部位的显示与用途

12.1.1　数控装置通/断电注意事项

数控装置的通电和断电均由配套的操作面板侧面的电源开关控制。

通电:将操作面板侧面的绿色电源开关按下,此时绿色指示灯亮。

通电步骤及注意事项如下。

(1) 通电之前,确认数控系统是正常的。

(2) 通电之前,确认机床是正常的。

(3) 按照机床厂商的说明书要求接通电源。

(4) 通电的同时,请不要动操作面板上的按键或旋钮,以免引起意外。

(5) 在数控装置的位置显示画面出现之后,再开始操作。

(6) 通电之后、操作之前,观察显示屏上部的状态信息,确认当前的操作方式是否与要进行的操作相符。

断电:将操作面板上的电源开关关闭。

断电注意事项如下。

(1) 断电之前,确认机床的机械运动已经停止。

(2) 切断机床电源,请按照机床厂商的说明书。

12.1.2　界面显示

12.1.2.1　综合界面

图 12.1 所示为综合界面。

1.轴位置信息显示区

实时显示轴的当前位置坐标、剩余量,如图 12.2 所示。

① 显示轴名称。

② 显示对应轴的当前位置。

③ 显示剩余值。

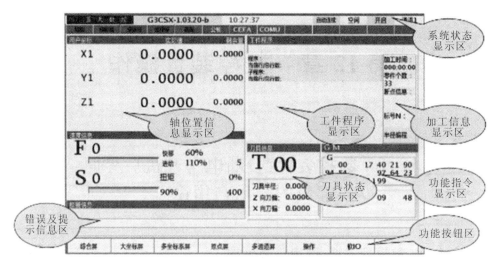

图 12.1　综合界面

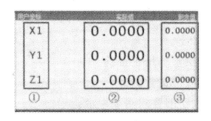

图 12.2　轴位置信息显示区

2.功能指令显示区

显示当前的 G 指令、M 指令、进给速度、主轴速度等,如图 12.3 所示。

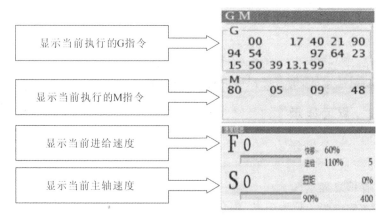

图 12.3　功能指令显示区

3.工件程序显示区

显示工件程序以及工件程序的运行状况,如图 12.4 所示。

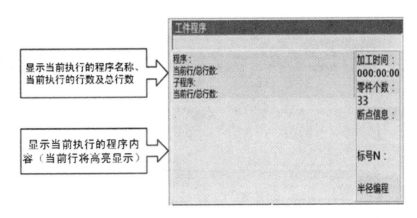

图 12.4　工件程序显示区

4. 系统状态显示区

用于显示系统当前状态。如:系统自动、手动、手轮、MDI、开启、暂停,如图 12.5 所示。

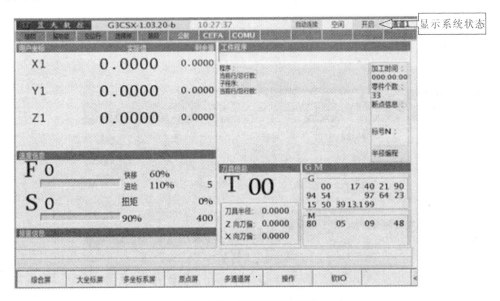

图 12.5　系统状态显示区

5. 错误及提示信息区

用于显示在操作以及加工过程中出现的错误或提示信息,如图 12.6 所示。

6. 功能按钮区

按钮与屏幕底下的功能键 1~8 相对应,提供各种功能操作,如图 12.7 所示。

7. 加工信息显示区

用于显示加工时间、已加工零件个数及断点信息,如图 12.8 所示。

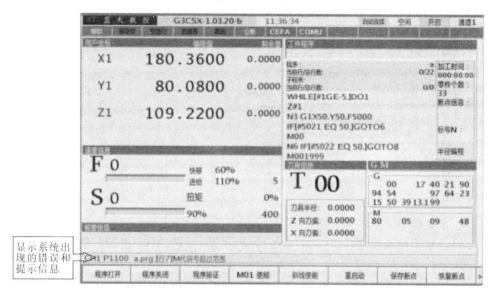

显示系统出现的错误和提示信息

图 12.6　错误及提示信息区

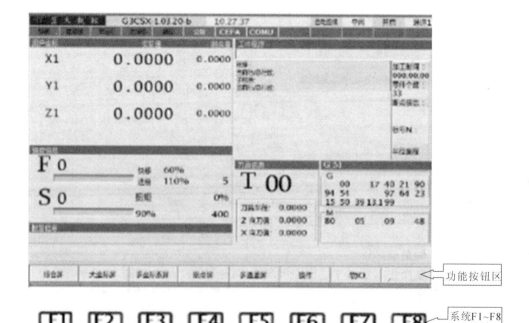

功能按钮区

系统 F1~F8 功能键

图 12.7　功能按钮区

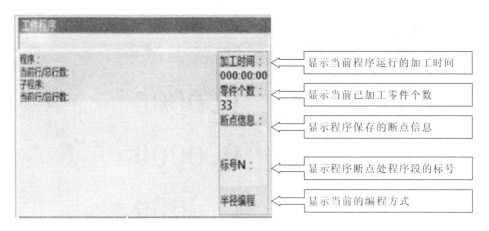

图 12.8　加工信息显示区

8.刀具状态显示区

用于显示刀具半径、Z 向刀偏和 X 向刀偏,如图 12.9 所示。

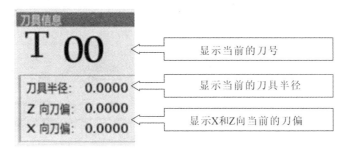

图 12.9　刀具状态显示区

12.1.2.2　大坐标屏

图 12.10 所示为大坐标屏界面。

(1)轴位置信息显示区:实时显示轴的当前位置坐标、剩余量。

(2)工件程序显示区:显示工件程序及工件程序的运行状况。

(3)错误及提示信息区:用于显示在操作及加工过程中出现的错误或提示信息。

12.1.2.3　多坐标屏

图 12.11 所示为多坐标屏界面。

(1)轴位置信息显示区:用于显示用户坐标系、机床坐标系、相对坐标系、随动误差。

(2)工件程序显示区:显示工件程序以及工件程序的运行状况。

(3)错误及提示信息区:用于显示在操作以及加工过程中出现的错误或提示信息。

12.1.2.4　原点信息屏

图 12.12 所示为原点信息屏界面。

(1)原点信息显示区:显示绝对偏移、外部偏移、相对偏移。

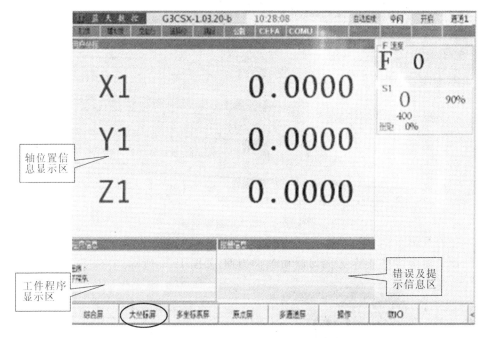

图 12.10　大坐标屏界面

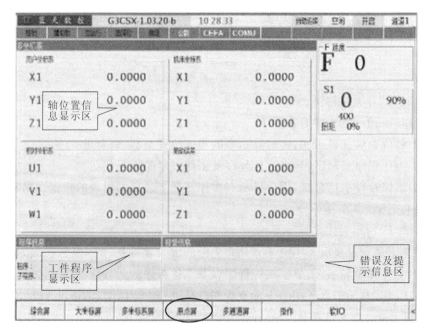

图 12.11　多坐标屏界面

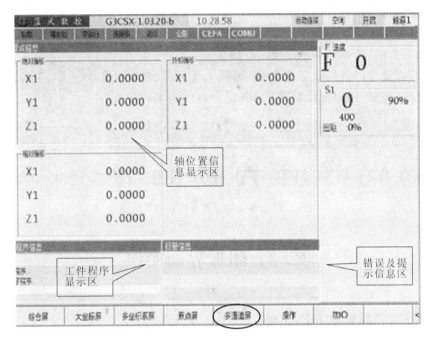

图 12.12　原点信息屏界面

（2）工件程序显示区：显示工件程序及工件程序的运行状况。

（3）错误及提示信息区：用于显示在操作及加工过程中出现的错误或提示信息。

12.1.2.5　多通道屏

图 12.13 所示为多通道屏界面。

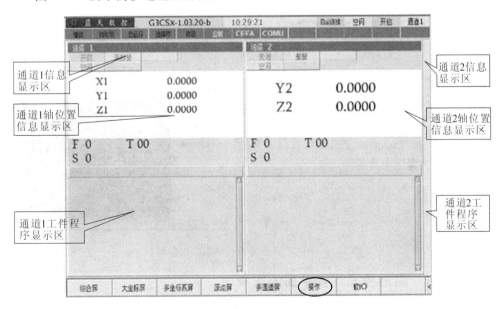

图 12.13　多通道屏界面

　　多通道屏显示区分为几个通道部分,每个通道区分别包含轴位置信息显示区和工件程序显示区。

12.1.2.6　各坐标屏界面显示的切换

　　用户在此可以选择显示方式:综合屏、大坐标屏、多坐标屏、原点屏、多通道屏等,如图 12.14 所示,用户可根据需要选择适合自己的显示方式。

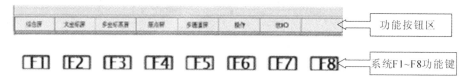

图 12.14　各坐标屏界面的切换功能键

12.2　图形界面操作

12.2.1　图形界面的切换

　　在加工过程中,用户可以查看刀具轨迹,进行清屏操作,还可以根据需要,设置图形的显示范围。

　　按下控制面板上的特殊功能键□,可实时查看当前运行的工件程序的刀具轨迹,如图 12.15 所示。

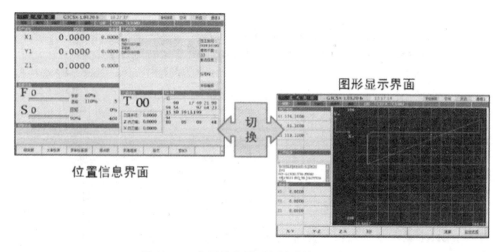

图 12.15　位置信息界面与图形界面的切换

12.2.2　图形界面观察平面的选择

　　通过扩展按键可对观察平面进行切换,如图 12.16 所示。

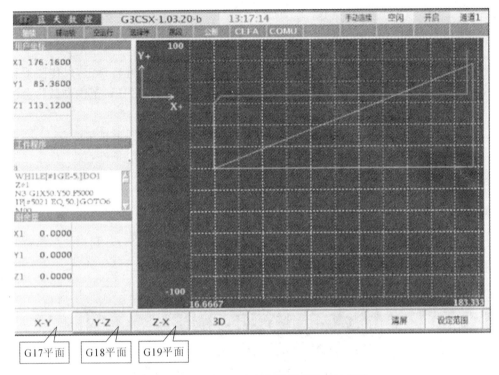

图 12.16　图形界面中观察平面的选择功能键

12.2.3　图形界面显示范围的设置

在图 12.17 所示界面中按下"设定范围"按钮,即弹出"对话框",供用户进行图形显示范围的设定。

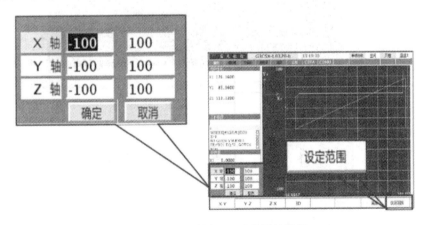

图 12.17　图形界面显示范围的设置

当前显示范围为 X 轴方向范围、Y 轴方向范围、Z 轴方向范围,单位为 mm,此范围由图 12.17 中的 6 个参数决定,即

图形范围(最小)X　　　图形范围(最大)X

图形范围(最小)Y　　　图形范围(最大)Y

图形范围(最小)Z　　　图形范围(最大)Z

说明:(1)用户可以根据选择的坐标和加工工件的尺寸来进行设定,以使图形显示在屏幕的最佳位置。调整好之后,按下"确定"按钮,新的图形显示范围参数将会被存入配置文件中,这些参数在下次被改变之前一直有效。

(2)当范围选择屏使用"确定"按钮关闭时,原有图形屏的图形将被清空。

(3)新的范围应是正方形区域,若用户输入值不满足正方形条件,数控装置将按最大显示区域进行取舍。

12.2.4　图形清屏操作

在图形显示界面中按下"清屏"按钮,即可清除当前图形显示,并在当前点重新开始显示图形,如图 12.18 所示。

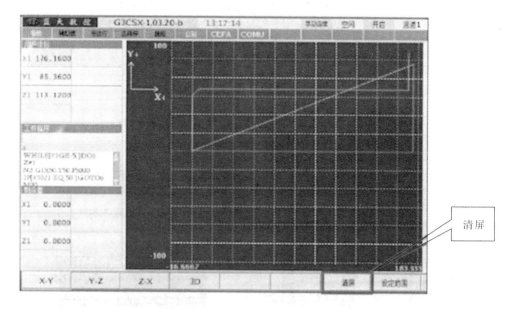

图 12.18　图形界面的清屏

12.3　设置刀具偏置

12.3.1　刀偏值的测量与输入

按下屏幕右上方的"功能"按钮,并在弹出的功能菜单中选择"刀具偏置",界面显示如图 12.19 所示。

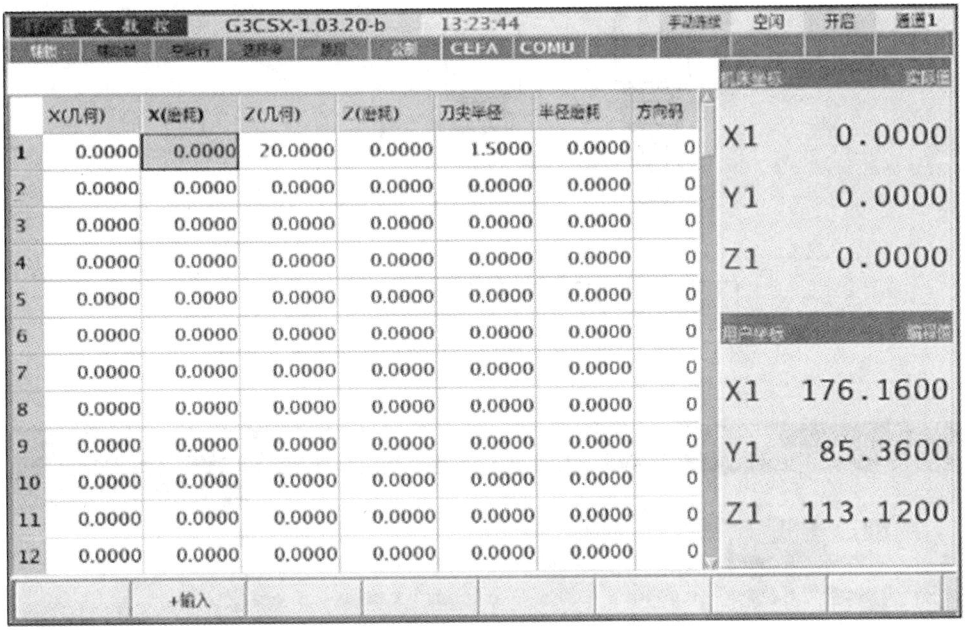

	X(几何)	X(磨耗)	Z(几何)	Z(磨耗)	刀尖半径	半径磨耗	方向码
1	0.0000	0.0000	20.0000	0.0000	1.5000	0.0000	0
2	0.0000	0.0000	0.0000	0.0000	0.0000	0.0000	0
3	0.0000	0.0000	0.0000	0.0000	0.0000	0.0000	0
4	0.0000	0.0000	0.0000	0.0000	0.0000	0.0000	0
5	0.0000	0.0000	0.0000	0.0000	0.0000	0.0000	0
6	0.0000	0.0000	0.0000	0.0000	0.0000	0.0000	0
7	0.0000	0.0000	0.0000	0.0000	0.0000	0.0000	0
8	0.0000	0.0000	0.0000	0.0000	0.0000	0.0000	0
9	0.0000	0.0000	0.0000	0.0000	0.0000	0.0000	0
10	0.0000	0.0000	0.0000	0.0000	0.0000	0.0000	0
11	0.0000	0.0000	0.0000	0.0000	0.0000	0.0000	0
12	0.0000	0.0000	0.0000	0.0000	0.0000	0.0000	0

机床坐标　实际值
X1　0.0000
Y1　0.0000
Z1　0.0000

用户坐标　编程值
X1　176.1600
Y1　85.3600
Z1　113.1200

图 12.19　刀具偏置界面

针对每个设置项,界面上方都有相应的提示,提示用户输入合法的数据。用户修改后并按"回车"键确认,该项数据立即生效。各项含义见表 12.1。

表 12.1　刀偏设置项及含义

项　　目	含　　义
刀具补偿号	刀具补偿号索引
几何	刀具长度的偏置值/mm
磨耗	刀具磨损补偿值,与几何同向/mm

刀具偏置中测量功能的应用如下。

(1) 刀具偏置的测量功能是测量当前刀具与标准刀具之间的偏移量(标准刀是偏置为 0 的刀具,可以是刀库中的某一把刀,也可以是一把假想刀)。

(2) 通过操作界面的"测量"按钮,可以计算出当前光标选中刀具与标准刀在相应方向上的偏移值,并将偏移值保存下来(见图 12.20)。

使用测量功能设置实际刀具的偏置步骤如下。

(1) 将刀具移动到对刀基准位置(标准刀具指定的位置,可以是工件表面位置或其他已知位置)。

(2) 选择实际刀具的 Z(几何)输入区,按下"测量"按钮,如图 12.21 所示。

(3) 在弹出的窗口中,输入基准位置的 Z(几何)期望值。

编程时使用的假想刀具
实际刀具
把这一距离设定为
刀具长度补偿值

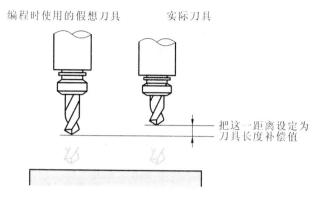

图 12.20　假想刀具与实际刀具的长度补偿值示意图

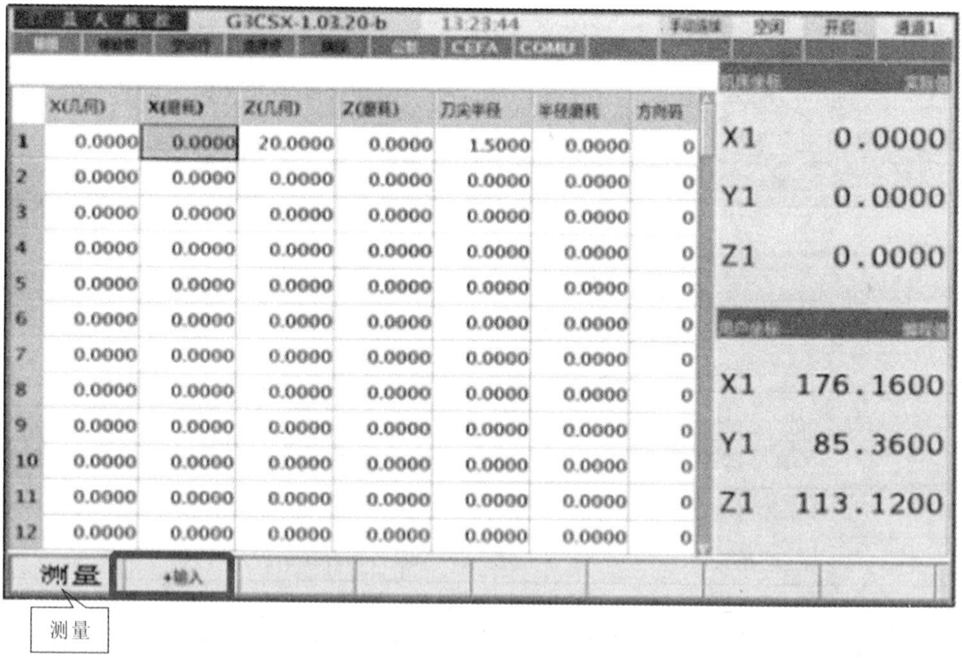

G3CSX-1.03.20-b
CEFA
X(几何)
X(磨耗)
Z(几何)
Z(磨耗)
刀尖半径
半径磨耗
方向码
1 0.0000 0.0000 20.0000 0.0000 1.5000 0.0000 0
2 0.0000 0.0000 0.0000 0.0000 0.0000 0.0000 0
3 0.0000 0.0000 0.0000 0.0000 0.0000 0.0000 0
4 0.0000 0.0000 0.0000 0.0000 0.0000 0.0000 0
5 0.0000 0.0000 0.0000 0.0000 0.0000 0.0000 0
6 0.0000 0.0000 0.0000 0.0000 0.0000 0.0000 0
7 0.0000 0.0000 0.0000 0.0000 0.0000 0.0000 0
8 0.0000 0.0000 0.0000 0.0000 0.0000 0.0000 0
9 0.0000 0.0000 0.0000 0.0000 0.0000 0.0000 0
10 0.0000 0.0000 0.0000 0.0000 0.0000 0.0000 0
11 0.0000 0.0000 0.0000 0.0000 0.0000 0.0000 0
12 0.0000 0.0000 0.0000 0.0000 0.0000 0.0000 0
X1 0.0000
Y1 0.0000
Z1 0.0000
X1 176.1600
Y1 85.3600
Z1 113.1200
测量
+输入
测量

图 12.21　刀具偏置界面的“测量”按钮

(4) 确定后，数控装置将自动计算出实际刀具相对于标准刀具的 Z(几何)偏移量。该偏移量在复位后生效。

刀具偏置中“＋输入”功能的应用如下。

(1) 将光标框移至需要修改的数值位置，并按下“＋输入”按钮，在弹出的窗口中输入希望增加的值并确定，数控装置将把该值与原数值进行代数加，并将结果显示在此数据框中。

(2) 刀具偏置在数控装置复位(即按下操作面板上的复位按钮)之后生效。

（3）由于本数控装置的显示精度为 0.0001，即小数点后 4 位，所以如果用户输入的数值小数点后超过 4 位，数控装置显示数据将根据四舍五入取舍，在小数点后显示 4 位。

（4）在英制模式下，用户输入数值为英制数值；在米制模式下，用户输入数值为米制数值。

12.4　设置参考点

参考点是机床上的一个固定点，可将该点设为所加工工件的原点，工件上的尺寸位置均可通过该点映射。

在参考点界面中可分为基础坐标与附加坐标，基础坐标 G54～G59，附加坐标 P1～P48，如图 12.22、图 12.23 所示。

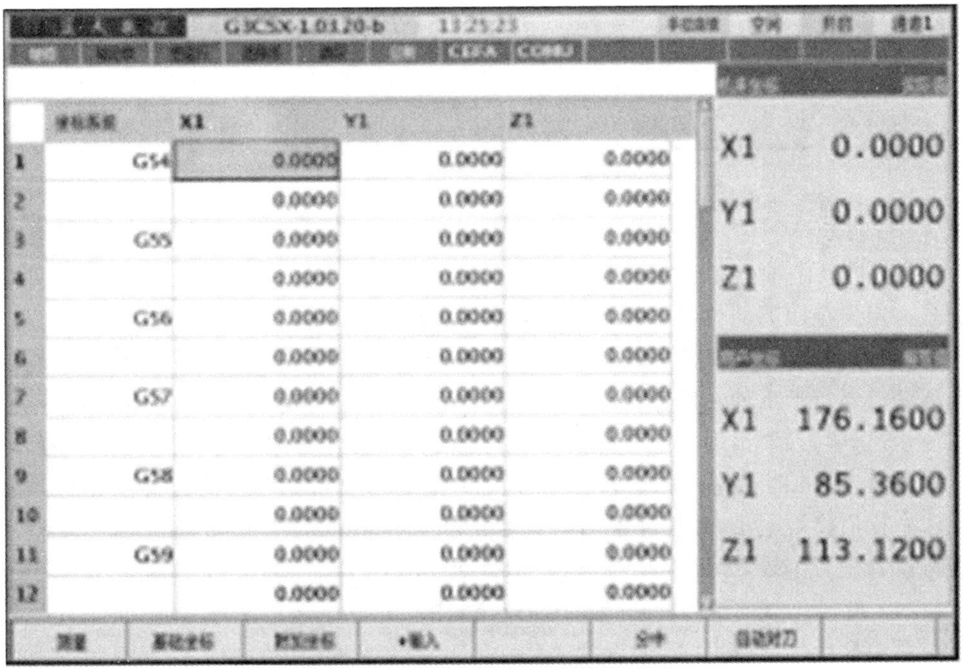

图 12.22　基础坐标系

按下"基础坐标"或"附加坐标"按钮，可以在两个坐标显示模式下互相切换。

12.4.1　参考点设置方法

1. X 和 Y 向对刀

（1）将工件用夹具装在工作台上，装夹时，工件的四个侧面都应留出对刀的

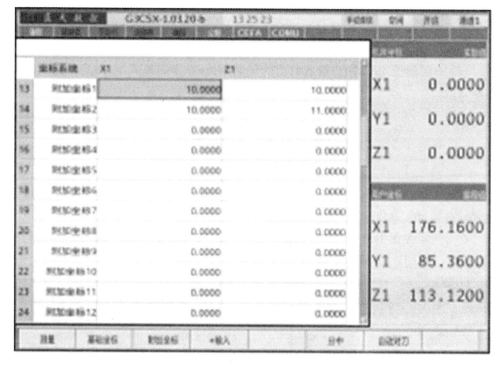

图 12.23　附加坐标系

位置。

（2）启动主轴中速旋转,快速移动工作台和主轴,让刀具快速移动到靠近工件左侧有一定安全距离的位置,然后降低速度移动至接近工件左侧。

（3）靠近工件时改用"手轮"模式,设置"手轮倍率"（一般用×0.01）,使用手轮缓慢移动刀具接近工件左侧,直到刀具恰好接触到工件左侧表面（观察,听切削声音,看切痕,看切屑,只要出现其中一种情况即表示刀具接触到工件）,进入"参考点设置"功能屏,选择 G54 的 X 输入区,按"测量"按钮,输入 0 后"确定",当前刀具位置的 X 轴机床坐标值将被记录,并且设置当前点在用户坐标系 G54 中 X 坐标值为 0,复位后查看设置是否生效,如果生效,位置显示将变为 0。

（4）沿 Z 正方向退刀,至工件表面以上,用同样方法接近工件右侧,记下此时机床坐系中显示的 X 坐标值,假设为 A。

（5）据此可得 X 向的中点为 A/2,在"参考点设置"功能屏中选择 G54 的 X 输入区,按"测量"按钮,输入 A/2 后确定,则 X 向的工件中点被设为零点,完成了 X 向分中的目的。

（6）同理可测得工件坐标系 Y 轴原点在机床坐标系中的坐标值。

2.Z 向对刀

（1）将刀具快速移至工件上方。

（2）启动主轴中速旋转,快速移动工作台和主轴,使刀具快速移动到靠近工件上表面有一定安全距离的位置,然后降低速度移动使刀具端面接近工件上表面。

（3）靠近工件时改用"手轮"模式,设置"手轮倍率"(一般用×0.01来靠近),使用手轮缓慢移动刀具接近工件表面(注意,刀具特别是立铣刀时最好在工件边缘下刀,刀的端面接触工件表面的面积小于半圆,尽量不要使立铣刀的中心孔在工件表面下刀),使刀具端面恰好碰到工件上表面,进入"参考点设置"功能屏,选择G54的Z输入区,按"测量"按钮,输入"0"后确定,当前刀具位置的Z轴机床坐标值将被记录,并且设置当前点在用户坐标系G54中Z坐标值为0,复位后查看设置是否生效,如果生效,位置显示将变为0。这样就完成了X和Y向分中及Z向对刀过程。

12.4.2　参考点设置后的检测

1.查看设置

进入MDI方式,输入G54(所选择的用户坐标系),按"循环启动"按钮,查看设置的坐标系是否生效。

2.检验对刀位置

检查对刀设置的位置是否正确,这很重要。如果正确则对刀操作完成。

如果出现在一个程序中用到多把刀的情况,那么就需要对每一把刀都进行对刀操作,而铣床只是在Z向进行此操作。首先让第1把刀指定一个基准位置,指定方法与Z向对刀过程相同,之后换第2把刀,也指向刚才的同一基准位置,然后使用后台"刀具偏置"功能里的测量功能对第2把刀进行刀具偏置设置,这样就使刀位点和对刀点相重合,完成对刀操作。后续刀具与第2把刀的操作步骤相同,这样对多把刀的过程就完成了。在调用第2把刀的时候用刀具长度补偿G43 H02即可。

对刀注意事项如下。

（1）参考点配置在数控装置复位(即按下操作面板上的"复位"按钮)之后生效。

（2）在英制模式下,用户输入数值为英制数值;在米制模式下,用户输入数值为米制数值。

（3）如果加工其他工件,只需重新在用户坐标系中对基准刀进行对刀操作,无需重新对每一把刀进行对刀操作。

（4）在本数控装置中,直径轴和半径轴是可配的。

12.4.3　分中

1.分中功能

按屏幕右上方的"原点"按钮,然后在"参考点"界面下方的功能按钮区选择"分中"按钮,屏幕显示如图12.24所示。

2.手动分中操作步骤

（1）切换到"手轮"或"手动"模式。

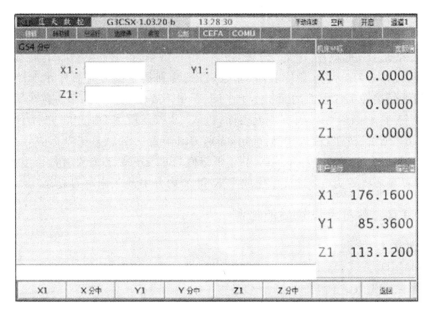

图 12.24　分中功能界面

（2）进入"原点"，选择当前用户坐标系，按"分中"按钮进入分中界面。

（3）以 X 方向分中为例，手动将刀具移动到能碰到工件 X 向左边缘时，按"X1"按钮，此时数控装置记录该坐标，并在画面 X1 上显示。

3.手动将刀具移动到能碰到工件 X 向右边缘时，按"X 分中"按钮，此时数控装置计算出 X 向中心点坐标，并将偏移自动添加到所选择的用户坐标系对应的 X 方向偏移中。

12.4.4　自动对刀

在参考点屏点击"自动对刀"按钮，进入自动对刀界面，在该界面下可执行"换刀对刀"和"首次对刀"命令，也可进行自动对刀相关参数的设定。屏幕显示如图 12.25 所示。

当加工表面位置不变，需要更换刀具时，采用"换刀对刀"。

当更换加工表面时，采用"首次对刀"。

执行"换刀对刀"命令后，数控装置将顺序执行以下动作。

（1）Z 轴快移到起始位置。

（2）X、Y 轴快移到起始位置。

（3）取消当前刀具长度补偿和半径补偿。

（4）Z 轴快移到指定的安全高度位置。

（5）Z 轴以第 1 次对刀速度向下移动至 Z 轴最低对刀位置坐标。

（6）如接触到对刀仪，Z 轴快移回退指定距离，否则 Z 轴快移到起始位置并结束本次对刀过程。

（7）Z 轴以第 2 次对刀速度向下移动至 Z 轴最低对刀位置坐标。

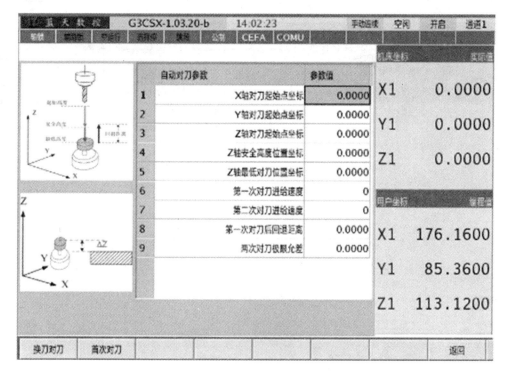

图 12.25　自动对刀界面

（8）接触到对刀仪或到达 Z 轴最低对刀位置坐标后，Z 轴快移到起始位置。

（9）如两次均碰到对刀仪且两次的探测位置之差不大于极限允差，则按第 3 次测量所得值计算坐标偏移并保存。

"换刀对刀"动作结束后应有如下结果及提示信息。

（1）如第 1 次对刀未碰到对刀仪，则提示"第 1 次对刀探测失败"。

（2）如第 2 次对刀未碰到对刀仪，则提示"第 2 次对刀探测失败"。

（3）如两次对刀均碰到对刀仪但两次的探测位置之差大于极限允差，则提示"两次对刀测得数值超出极限允差，对刀失败"。

（4）如两次均碰到对刀仪且两次的探测位置之差不大于极限允差，则提示"对刀成功"。

（5）如所有轴未全部回零，则不执行自动对刀动作，并提示"未所有轴回零，不允许执行对刀功能"。

（6）当对刀完成后，提示"对刀完成"。

12.5　程 序 编 辑

按屏幕右侧的 ▢编辑 按钮，即进入程序编辑界面，如图 12.26 所示。

图 12.26　程序编辑界面

12.5.1　程序命名规则

新增文件的文件名只能以字母或数字开头，程序命中可以包含字母、数字、下划线，字母区分大小写。

在数控装置端编辑程序会默认以".prg"结尾，在计算机上编辑的数控加工文件必须以".prg"结尾。不符合命名规则的数控加工程序将不能被数控装置创建或被文件列表显示。

12.5.2　程序编辑界面的操作

当进入程序编辑界面中列出了所有用户可编辑的数控加工程序名称，用户可以用键盘的"↑""↓"方向键来进行选择，选中的程序以背景高亮表示，选中文件后按"回车"键，即打开了此程序，就可以编辑了。下面以打开一个数控加工程序为例说明。

例如选择程序中的 a.prg 文件，按"回车"键，如图 12.27 所示。

打开工件文件后可对程序进行以下操作。

（1）查找：按"查找"按钮，弹出输入查找内容的对话框，用户可选择向上查找、向下查找。输入希望查找的字符或字符串，即可在程序显示区内进行查找，符合条件的

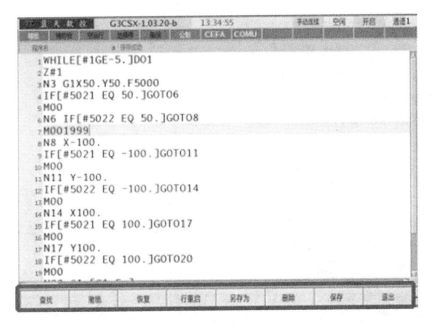

图 12.27　程序编辑界面中的程序文本

字符或字符串将被高亮显示。向前查找是指从当前光标位置开始向前查找用户输入的字符或字符串;向后查找是指从当前光标位置开始向后查找用户输入的字符或字符串。用户也可选择按行号查找,查找行的第 1 个字符将会以高亮显示。

(2) 替换:在"替换"按钮左边的文本输入区域内输入替换内容,按下"替换"按钮,即可替换当前高亮内容为替换内容。

(3) 撤销:撤销键入的内容。

(4) 恢复:恢复撤销的内容。

(5) 删除:按下"删除"按钮,将删除程序显示区内当前高亮的行或通过标记多行标记的部分。

(6) 保存:保存所做的修改;若当前编辑程序处于打开待加工状态,那么保存操作将自动更新前台打开的文件。

(7) 退出:退出程序编辑,不做保存。

(8) 标记多行:首先选择某一行作为需要被标记的起始行,然后按下"标记多行"按钮,最后选择某一行作为需要被标记的终止行,数控装置将会标记两行之间的部分。

(9) 取消标记:取消被标记的多行程序段。

(10) 复制:复制被标记的内容。

(11) 剪切:剪切被标记的内容。

(12) 粘贴:粘贴被复制或剪切过的标记内容到当前光标所在的位置。

(13) 另存为:编辑程序后,另存程序文件,输入新文件名(要带".prg"后缀),即可保存。

（14）行重启：可以在程序编辑完成后设置重启动行号。与位置屏中"重启动"的按行号重启功能通用。

（15）编辑工件程序快捷键：

跳到所编辑程序的开头处："Ctrl"+"↑"。

跳到所编辑程序的结尾处："Ctrl"+"↓"。

12.6　文　件　操　作

文件操作的主要功能有复制、粘贴、移动、删除、重命名等。这些操作包括对数控装置自身存储的文件操作，也包括对 U 盘（USB）的文件操作。

按下屏幕右侧的 **文件** 按钮，即进入"文件操作"界面，如图 12.28 所示。

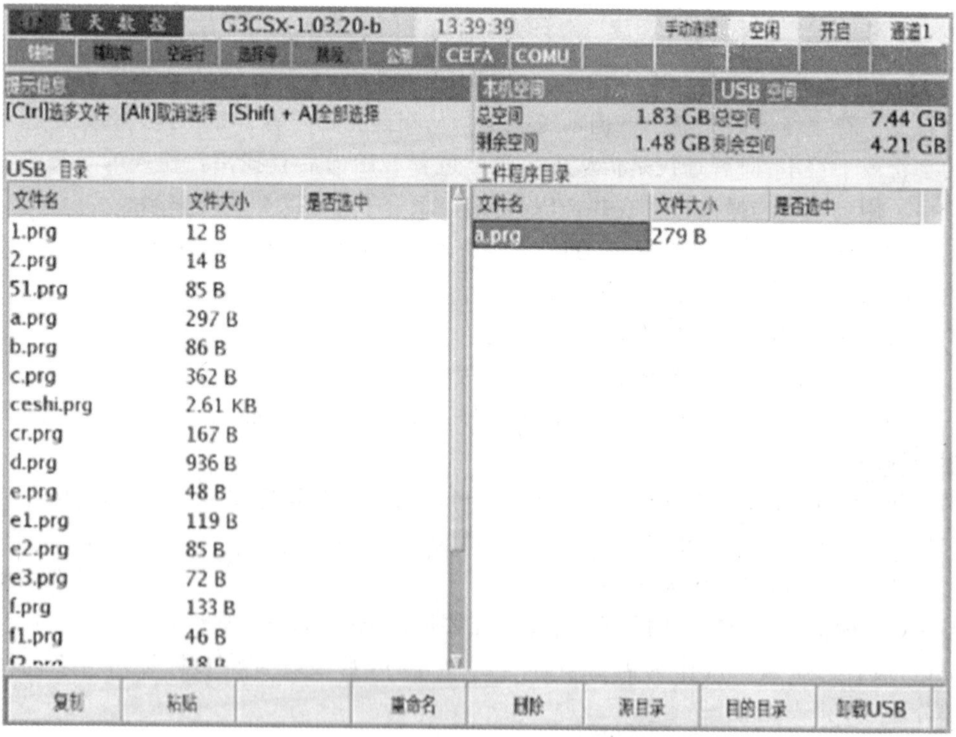

图 12.28　"文件操作"界面

12.6.1　文件操作的步骤

（1）文件操作界面分为左右两个区域，左边的目录显示为源目录，右边为目的目录。用户可通过"源目录"按钮来选择要进行操作的源文件目录,可操作的文件目录有:"工件程序"、"USB"。当用户选择后,被选择的文件夹中的文件列表将被显示在左侧区域。

（2）用户通过"目的目录"按钮来选择文件操作的目的目录,并显示在右侧区域。

（3）用户选定了源目录、目的目录之后,就可以对文件进行操作,包括复制、粘贴、移动、删除、重命名等。当需要在源目录和目的目录之间切换的时候,用操作面板键盘上的"Tab"按钮即可。

（4）选择某一个文件,按下"重命名",可以重新命名当前选择的文件。

（5）选择某一个文件,按下"删除",会弹出确认对话框来确认是否删除当前选择的文件。单击"确认"按钮可以删除当前文件;单击"取消"按钮可以取消本次操作。

（6）用户可以按住"Ctrl"按钮来选择多个文件。

（7）用户可以通过按下"Shift"+"A"来选择全部文件。

12.7　报　警　信　息

按下 | 信息 | 按钮时显示界面如下。

当前信息	历史信息					删除信息		≫

报警信息由字符、序号、信息三部分组成,其中字符的意义如下:M 表示 Motion 运动类报警信息;P 表示 Program 编程类报警信息;O 表示 Operation 操作类报警信息;PLC 表示 PLC 的报警信息。

多通道屏每个通道的"报警"状态的显示:当出现操作类报警及运动控制类报警时,对应通道显示红色"报警"字样,报警清除后显示"无报警"。注:程序注释信息、验证完成信息及 PLC 报警信息出现时,不会出现红色"报警"字样。

报警信息主要提供用户查看报警信息内容,包括当前报警信息和历史信息。按界面右上方的"功能"按钮,选择"报警信息"按钮,即进入报警信息界面。

"当前信息":显示机床在目前状态下所有存在而未解除的报警信息。当机床操作人员排除该报警提示的问题时,该报警信息自动清除。

"历史信息":所有发生过的报警在此被记录下来,即使警报已经被清除,在"历史信息"中依然显示,最多显示 1000 条信息,如图 12.29 所示。

"删除信息":只能对"信息"中的"历史信息"进行删除。删除历史信息需要用户具有"服务人员"或"机床厂商"的用户权限。删除单项历史信息:将光标移动到想要删除的历史信息项,按"删除信息"按钮。删除全部历史信息:按下"Shift"+"删除信息"按钮,删除全部历史信息。

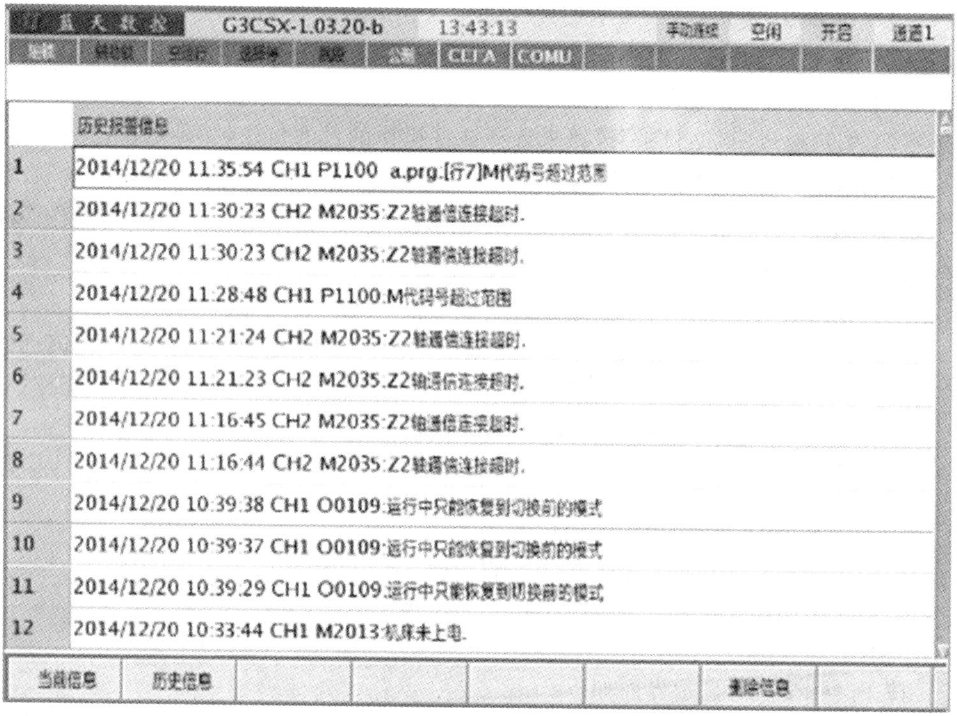

图 12.29　"历史报警信息"界面

12.8　系 统 配 置

按界面右侧的 系统 按钮,显示如图 12.30 所示。

12.8.1　宏变量设定

用"↑""↓""←""→"按钮选择"宏变量设定",并"回车",即进入"宏变量设定"界面,如图 12.31 所示。

可以使用键盘的"PageUp""PageDown"按钮进行翻页,选择要配置的变量。

用户按下"查找"按钮,可以在弹出的对话框中输入变量的序号数(100~199,500~999),然后"回车",即可查看或修改此序号的变量值;用户修改后,保存并退出,变量生效。

宏变量说明如下。

(1)分类 1:♯1~♯33,为局部变量。该类变量在此界面不可更改,属性为"只读",但可通过工件程序或指令进行读/写。在数控装置通电和复位时,每一个局部变量被置为"空"。

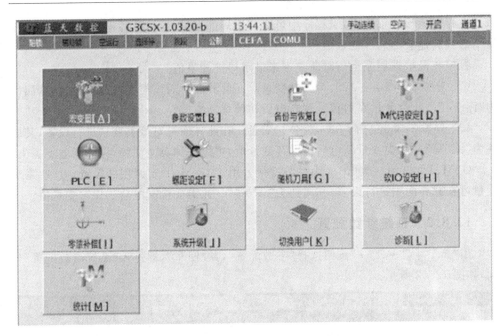

图 12.30　系统配置界面

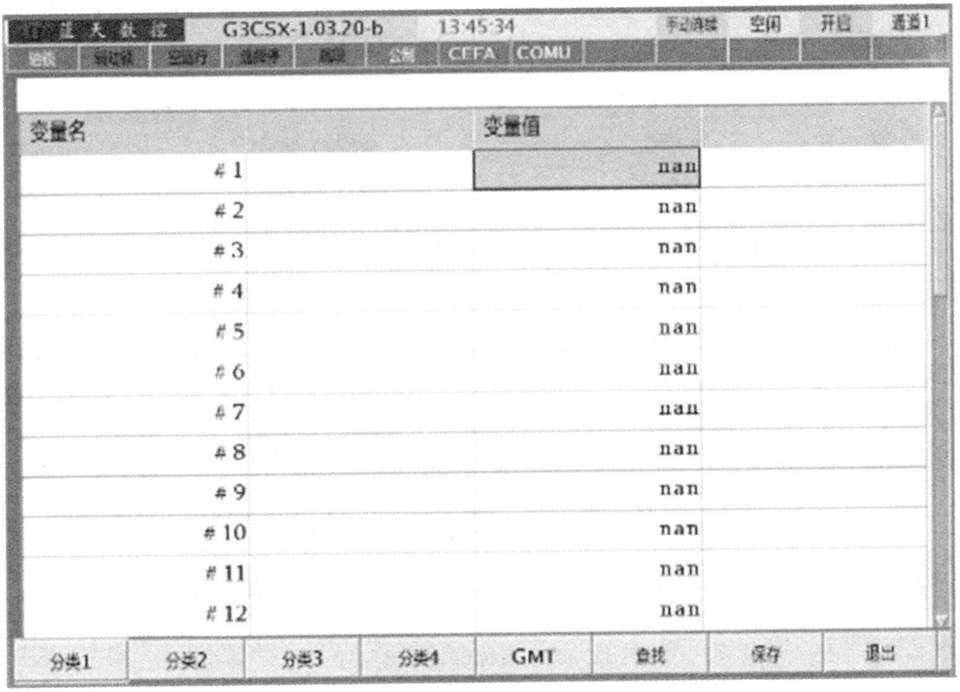

图 12.31　"宏变量设定"界面

局部变量是在宏内被局部使用的变量。每一次使用宏,该宏程序将分配一组局部变量,局部变量用于传输自变量,自变量未指定时被置为"空"。此组局部变量作用域和生存期为该宏程序内,宏程序中可对该组局部变量进行读/写操作,但该读/写操作不影响其他宏的局部变量值。

数控装置根据程序运行时所在宏来显示局部变量值。

(2)分类2:♯100～199,为公共变量。在此界面可对该类变量进行设置,其属性为"读/写"。此类变量在数控装置断电后初始化为空值。

(3)分类3:♯500～♯999,为公共变量。在此界面可对该类变量进行设置,其属性为"读/写"。此类变量断电后仍保存变量值,可以添加英文注释,注释断电不丢失。

G、M、T♯6001～♯6048,为系统变量。用于G、M、T宏调用的设置。这些系统变量可在此界面中进行设置,其属性为"读/写"。此类变量断电后仍保存变量值。

12.8.2　系统参数配置

用"↑""↓""←""→"按钮选择"参数配置",并"回车",即进入"系统参数配置"界面,如图12.32所示。

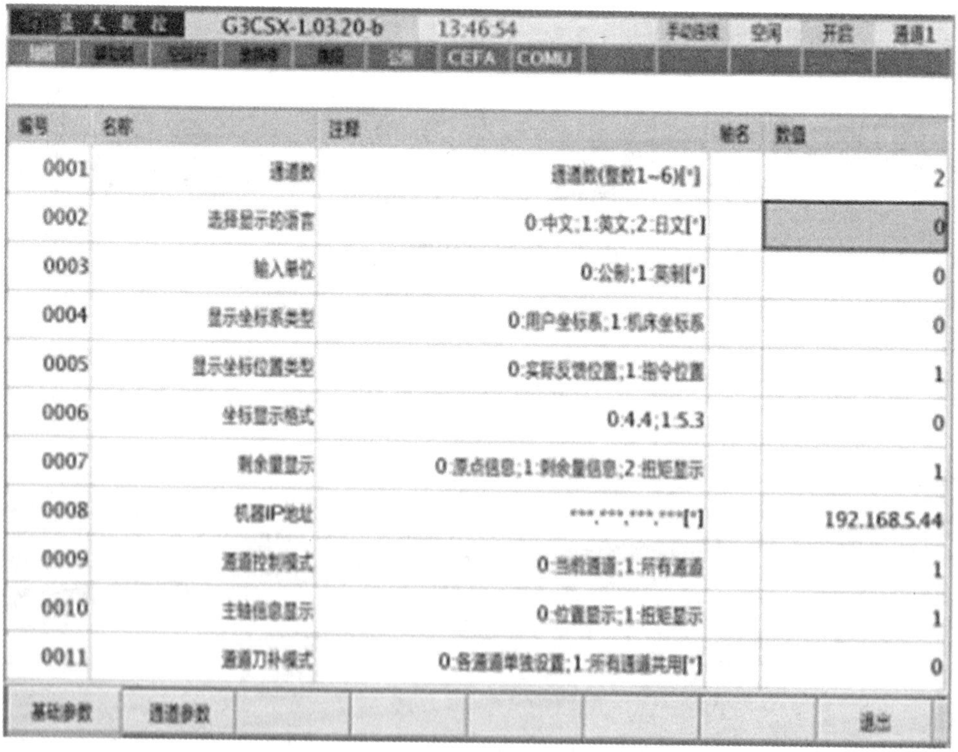

编号	名称	注释	帐名	数值
0001	通道数	通道数(整数1-6)[*]		2
0002	选择显示的语言	0:中文;1:英文;2:日文[*]		0
0003	输入单位	0:公制;1:英制[*]		0
0004	显示坐标系类型	0:用户坐标系;1:机床坐标系		0
0005	显示坐标位置类型	0:实际反馈位置;1:指令位置		1
0006	坐标显示格式	0:4.4;1:5.3		0
0007	剩余量显示	0:原点信息;1:剩余量信息;2:扭矩显示		1
0008	机器IP地址	***.***.***.***[*]		192.168.5.44
0009	通道控制模式	0:当前通道;1:所有通道		1
0010	主轴信息显示	0:位置显示;1:扭矩显示		1
0011	通道刀补模式	0:各通道单独设置;1:所有通道共用[*]		0

图12.32　"系统参数配置"界面

可以配置基础参数、常规参数、机床参数、主轴参数、用户参数等。对应各个输入框,屏幕上方都有相应的提示,提示用户输入合法的值。用户修改后,参数注释中不含有"＊"的参数立即生效,参数注释中含有"＊"的参数,所做的修改会在下次数控装置启动的时候生效。

12.8.3　备份与恢复

用"↑""↓""←""→"按钮选择"备份与恢复",并"回车",即进入"备份与恢复"界面,如图 12.33 所示。

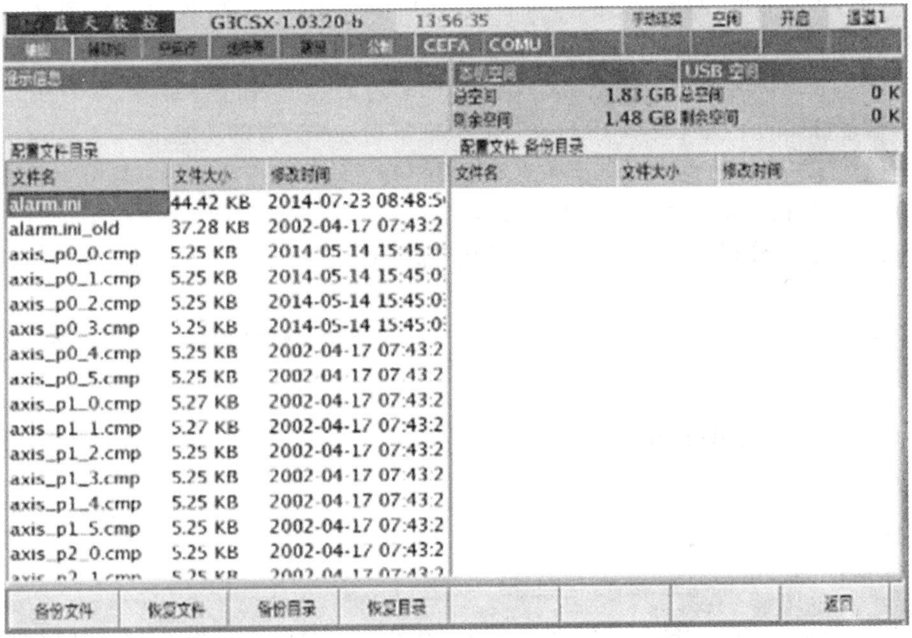

图 12.33　"备份与恢复"界面

本模块的功能主要是完成系统文件的备份和恢复功能,分为本地操作与 USB 操作两种形式。

本地操作的对象包括以下三个目录。

ini(配置文件)、bin(系统文件)、logic(PLC 文件)。

具体功能包括:文件备份、文件恢复、备份目录和恢复目录。

1. 备份文件

操作备份文件后,该文件就会从正式目录中备份到相应的备份目录。比如,当前目录为配置文件目录,高亮显示的文件为 logic. ini,那么该操作的结果是将 logic. ini 从配置文件目录备份到配置文件备份目录。

2. 恢复文件

恢复文件是对列表中当前选择的文件进行恢复操作,把该文件从备份目录恢复到相应的正式目录。比如,当前目录为工件文件目录,高亮显示的文件为 logic. ini,那么该操作的结果是将 logic. ini 从备份目录恢复到配置文件目录。

3. 备份目录

备份目录是将当前正式目录的所有文件全部备份到相应的备份目录下。

4. 恢复目录

恢复目录是对当前目录进行操作，将当前备份目录下的所有文件全部恢复到对应文件目录下。

5. USB

USB 操作使用"USB 操作"按钮启动，在启动时加载 U 盘，包括 USB 快速操作与自定义操作两个选项。

（1）USB 快速选项实现将配置文件或 PLC 文件压缩备份到 U 盘，或者从 U 盘将压缩备份好的配置文件或 PLC 文件直接恢复到数控装置的功能。

（2）自定义选项允许用户选择配置文件中特定的部分进行备份与恢复。以参数备份为例，当在自定义选项中选择参数时，将切换到"备份与恢复"按键组，使用"备份"与"恢复"按钮可实现相应的操作，使用"卸载 USB"按钮可卸载 U 盘，使用"返回"按钮可回到上一级按键组。

注意：从备份状态转换到恢复状态或反之，需要按"退出"按钮再重新选择进入所需状态。

12.8.4　M 指令配置

用"↑""↓""←""→"按钮选择"M 指令配置"，并"回车"，即进入"M 指令配置"界面，如图 12.34 所示。

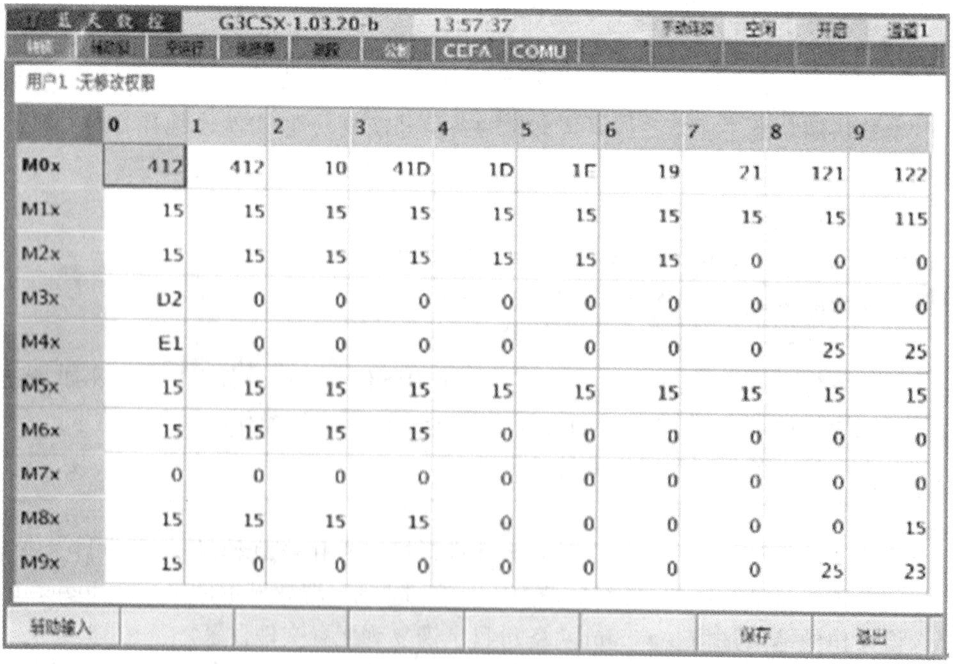

	0	1	2	3	4	5	6	7	8	9
M0x	412	412	10	41D	1D	1F	19	21	121	122
M1x	15	15	15	15	15	15	15	15	15	115
M2x	15	15	15	15	15	15	15	0	0	0
M3x	D2	0	0	0	0	0	0	0	0	0
M4x	E1	0	0	0	0	0	0	0	25	25
M5x	15	15	15	15	15	15	15	15	15	15
M6x	15	15	15	15	0	0	0	0	0	0
M7x	0	0	0	0	0	0	0	0	0	0
M8x	15	15	15	15	0	0	0	0	0	15
M9x	15	15	15	0	0	0	0	0	25	23

图 12.34　"M 指令配置"界面

移动方向键选中要编辑的 M 指令,按"辅助输入"按钮,弹出编辑对话框。可按"Tab"按钮切换修改其配置,也可按"编辑"按钮对 M 指令名称进行编辑,并按"保存"按钮保存并"退出"。

必须对其所用的每一 M 指令在这里用 M×× 记录并加以定义。每个 M×× 记录建立一个 M 指令及其属性。

辅助功能用 M 指令编程,M 指令的范围为 M00～M999,其中一部分 M 指令已赋有专门的含义。在一个程序段中最多可以编入 4 个 M 指令。当在一个程序段中编有一个以上的 M 指令时,数控装置将根据其类型决定其执行顺序,前缀功能指令在运动段之前执行,后缀功能指令在运动段之后执行。

数控装置可在"M 指令设定"中对 M00～M99 进行配置,而 M100～M999 为固定分组及分类,不可再进行配置,其中 M100～M499 为前缀 M 指令,M500～M999 为后缀 M 指令;M100～M999 全部分在第 5 组。

固定 M 指令分组如下。

第 1 组＝{M06}　　　　　　　　宏程序调用

第 3 组＝{M98,M99}　　　　　　子程序控制

第 4 组＝{M0,M1,M2,M30}　　　程序停止

第 5 组＝{M100～M999}　　　　 备用 M 指令

第 7 组＝{M03,M04,M05}　　　　主轴控制

第 8 组＝{M07,M08,M09}　　　　冷却控制

第 9 组＝{M48,M49}　　　　　　修调控制

以上 M 指令分组不能改变。

12.8.5　PLC 功能

用"↑""↓""←""→"按钮选择"PLC 功能",并"回车",即进入"PLC"功能界面,如图 12.35 所示。

"PLC 启停":启动或停止 PLC 的运行。

"编辑":编辑 PLC 梯图。

"文件":通过 USB 设备传输 PLC 逻辑文件。

"参数":PLC 参数设置。

"调试":PLC 状态调试。

"D 变量"编辑界面,变量范围 D700～D824,每个变量占 4 字节,共 32 个。进入"PLC 功能"界面选择"编辑",再选择"D 变量"进入 D 变量编辑界面,修改后的 D 变量数值和注释信息"保存"更新。

模块功能如下。

(1) 查找:通过"D"＋地址查找。

(2) 上传:通过 U 盘上传 D 变量文件 Dvar.txt 至数控装置配置注释信息,上传

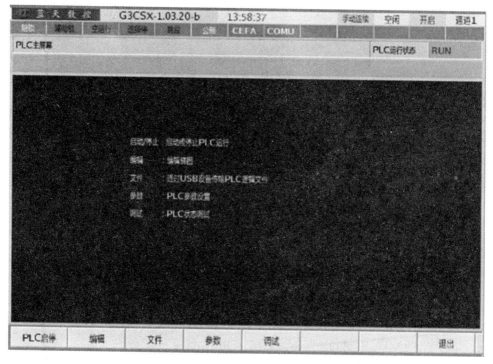

图 12.35 "PLC 功能"界面

后 D 变量数值列与 hold.var 中数值一致。

（3）下载：下载 Dvar.txt 文件至 U 盘。

12.8.6 螺距误差补偿设定

用"↑""↓""←""→"按钮选择"螺距补偿设定"，并"回车"，即进入"螺距误差补偿设定"界面，如图 12.36 所示。

设定螺距误差补偿数据，可以对各轴的螺距误差进行补偿。补偿值的单位为 μm。各轴按一定的距离间隔设定补偿点，对各点设定补偿量。补偿的原点为机床坐标系零点。

要根据连到数控装置后的机床特性设定补偿数据。不同的机床补偿数据不一样。改变这些数据会降低机床精度。GJ 数控装置可以实现螺距双向补偿。

用"→"方向按钮可以在 X、Y、Z 轴之间切换来配置相应轴的螺距。用"Tab"按钮可以对选择轴的螺距进行设置。

（1）辅助输入。为了使用户不必烦琐地输入大量的期望值，GJ 数控装置提供了等间距辅助输入的功能，按下"辅助输入"按钮，显示如图 12.37 所示。

用户可以在弹出窗口中输入数值来完成等间距期望值的输入，输入后，按下"确定"按钮，数控装置将自动为用户输入所设定的期望值。

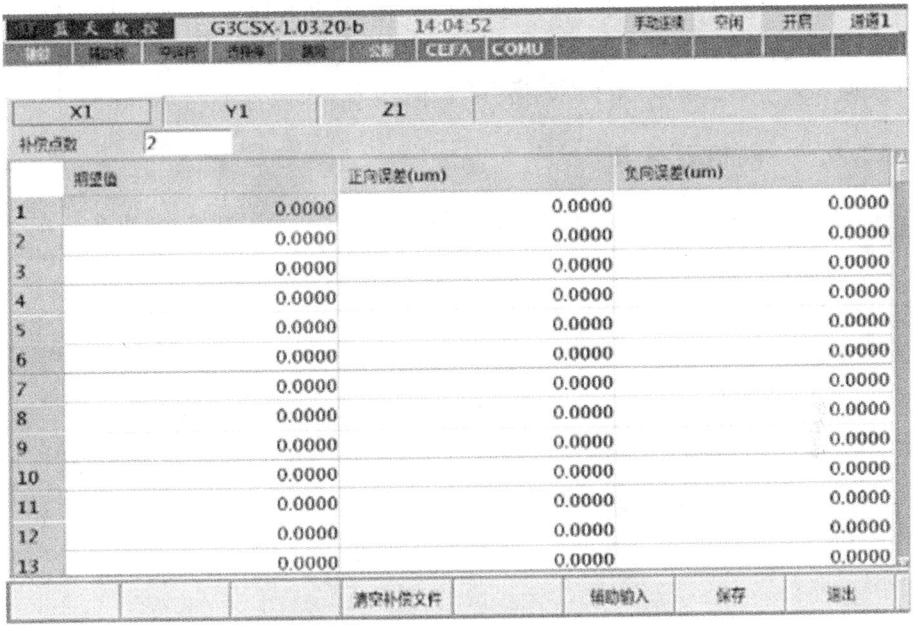

图 12.36　"螺距误差补偿设定"界面

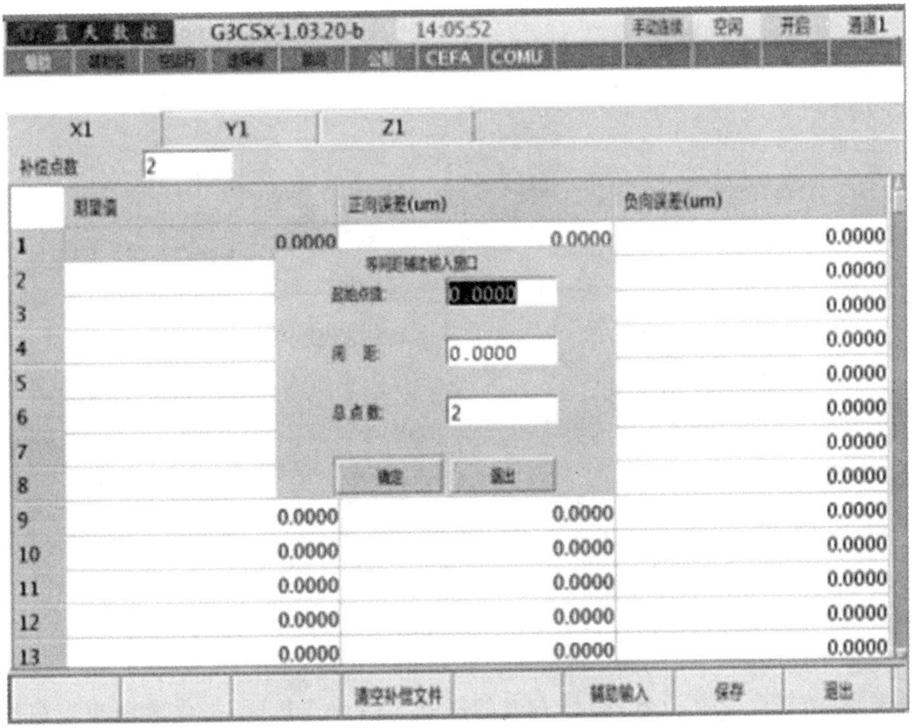

图 12.37　"辅助输入"对话框

（2）清空补偿文件。按下"清空补偿文件"按钮，数控装置将以弹出对话框的方式提示用户是否确定删除当前轴的补偿文件，用户选择"确定"，则清空当前轴的补偿文件。保存后生效。选择"取消"，则放弃操作。

12.8.7　随机刀具表

用"↑""↓""←""→"按钮选择"随机刀具表"，并"回车"，即进入"随机刀具表"界面，如图 12.38 所示。

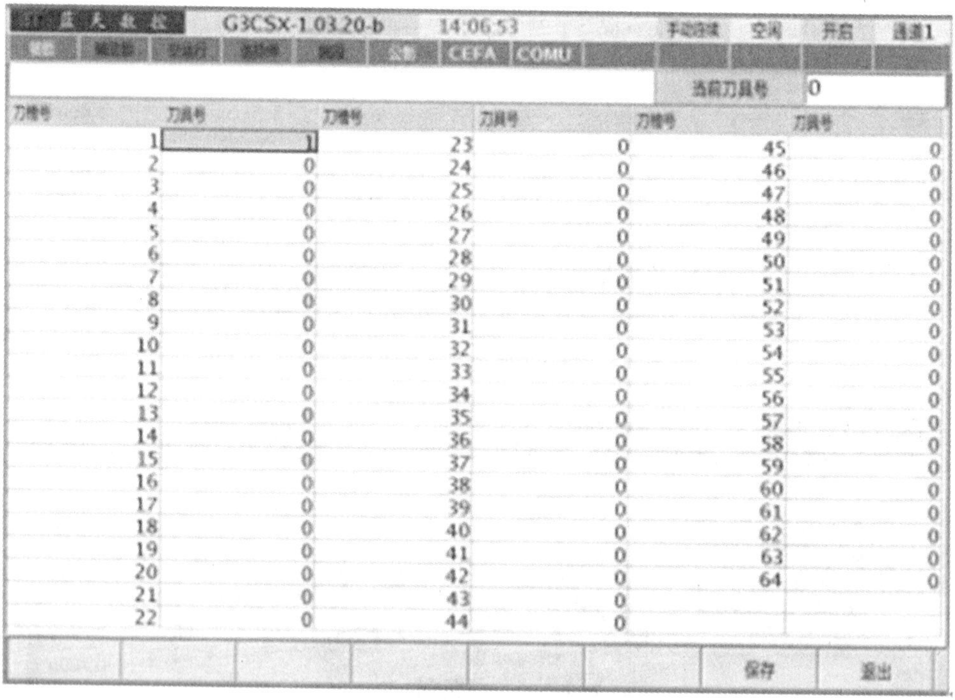

图 12.38　"随机刀具表"界面

通过修改随机刀具表中当前刀具号，可将刀库中的刀具重新排列，修改后先保存再退出，随机刀具表生效。

12.8.8　软 IO 设定

用"↑""↓""←""→"按钮选择"软 IO 设定"，并"回车"，即进入"软 IO 设定"界面，如图 12.39 所示。

可以在此查看当前的软 IO 设定情况，可以用界面下方的"上一组""下一组"按钮来切换不同的软 IO 的组别，每组可以提供用户设置 7 个 IO 点；用户也可以在此区域对 IO 点进行重新设置；界面右方的部分为图片选择区，提供给用户直观的图片，方便用户进行软 IO 点的设置（两部分之间切换用"Tab"按钮，图片号码的输入使用"Enter"按钮）。

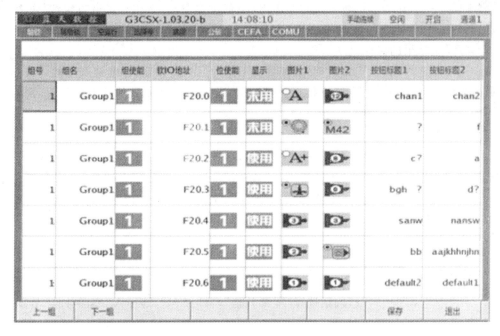

图 12.39　"软 IO 设定"界面

1. 软 IO 的设定

以设定一个软 IO 点为例，如图 12.39 所示，F20.0 这个 IO 点。

"组号"：当前编辑第几组。

"组名"：当前编辑组的名称。

"组使能"：当前组是否有效；用"上一组"和"下一组"按钮切换。

"软 IO 地址"：提供给 PLC 编程人员用于编程的地址位。

"位使能"：为 1，说明此 IO 点为可用；若为 0，则表示不可用。

"显示"：为未用，说明此 IO 点不用图片表示，若为使用，则表示用图片表示。

"图片 1"：当选择用图片表示 IO 点时，即"用图片"为 1 的时候，"图片 1"有效，用户可以为其选择图片，作为此 IO 点未触发时的图片，而触发后的图片，则在"图片 2"当中设定。

"图片 2"：当选择用图片表示 IO 点时，即"用图片"为 1 的时候，"图片 2"有效，用户可以为其选择图片，作为此 IO 点触发后的图片。

"按钮标题 1"：当不选择用图片表示 IO 点时，即"用图片"为 0 的时候，"按钮标题 1"有效，用户可以输入相应的功能名称，作为此 IO 点的名称；其中"按钮标题 1"为此 IO 点未触发时的名称；IO 点触发后的名称则在"按钮标题 2"中设定。

"按钮标题 2"：当不选择用图片表示 IO 点时，即"用图片"为 0 的时候，"按钮标题 2"有效，用户可以输入相应的功能名称，作为此 IO 点触发后的名称。

用以上的设定步骤，用户可以依次设定 F20.1、F20.2、…、F20.6，即完成了分组

1 的设定;GJ 数控装置提供给用户 5 组 IO 点的设置空间,即用户可以设定 35 个 IO 点,组与组之间的切换使用"上一组"和"下一组"按钮完成。

2.设定结果的保存

用户设定好软 IO 点以后,必须按界面下方的"保存"按钮,才能够真正地将设定或改动保存下来,并生效;若直接退出,则数控装置仍保持原有的软 IO 设定。保存后的软 IO 点设定立刻生效。

注意事项如下。

(1)用户需要使用软 IO 点时,需将机床参数 1117 设定为 1,否则软 IO 按钮无效。建议用户按顺序使用软 IO 组别。用满一组,再用下一组。

(2)"图片 1""图片 2"或"按钮标题 1""按钮标题 2"的显示取决于 PLC 的对应地址 G31.0～G34.7 的状态,"0"对应"图片 1"或"按钮标题 1","1"对应"图片 2"或"按钮标题 2"。

12.8.9 零漂补偿

用"↑""↓""←""→"按钮选择"零漂补偿",并"回车",即进入"零漂补偿"界面,如图 12.40 所示。

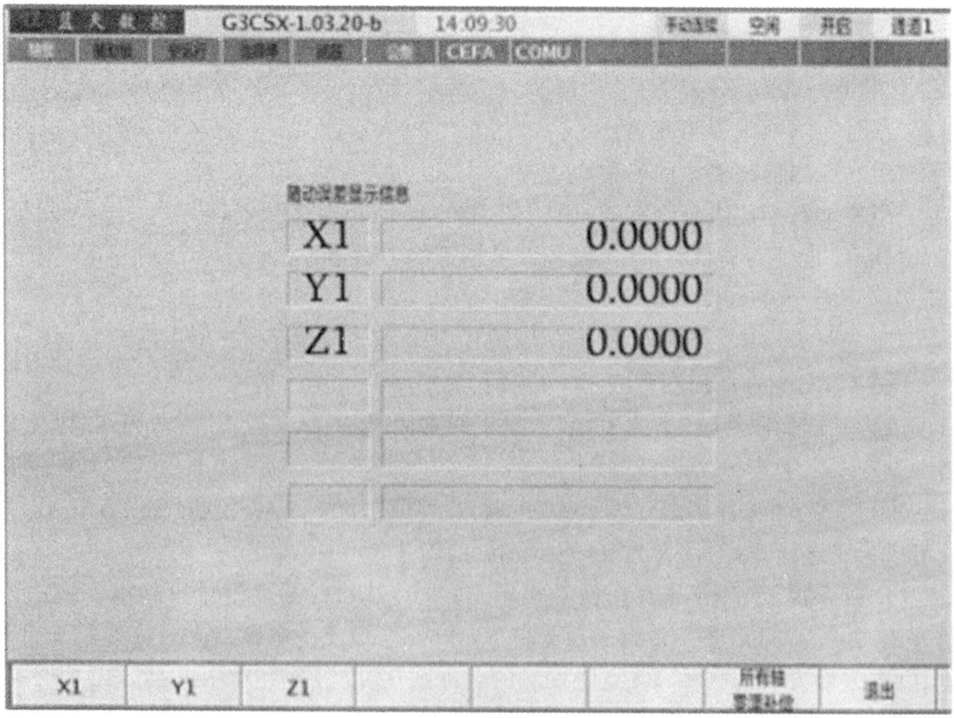

图 12.40 "零漂补偿"界面

如图 12.40 所示,界面上半部显示了当前各轴的随动误差,可以选择界面下方的按钮来针对不同的轴或对所有轴进行零漂补偿,提高各轴在运动中的精度。补偿后结果将实时显示在界面上方。

12.8.10　系统升级

用"↑""↓""←""→"按钮选择"系统升级",并"回车",即进入"系统升级"界面,如图 12.41 所示。

图 12.41　"系统升级"界面

GJ 数控装置可方便进行系统软件的升级。将存有升级文件的 U 盘插入,并选择界面中的"系统升级"并"回车",显示系统升级窗口(见图 12.42)。用户可以在此界面通过"↑""↓"按钮选择需要使用的升级文件,按"回车"即可使用选中的升级文件对系统进行升级。

系统升级期间可能出现的提示与错误信息如表 12.2 所示。

表 12.2　系统升级期间可能出现的提示与错误信息列表

序号	提　　示	错　误　信　息
1	USB 加载成功	USB 加载失败,请确认后再次加载
2	发现升级文件	升级文件不存在,请确认后再次升级
3	正在升级…	升级不完整,请检查升级包或磁盘空间
4	升级成功,请摘下 U 盘,重启系统	

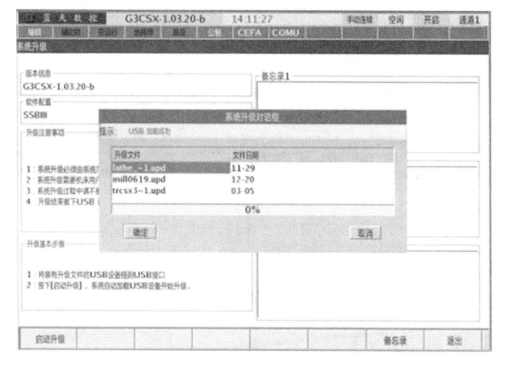

图 12.42 "选择升级文件"对话框

系统成功升级后,请将数控装置断电,并重新通电,以使用新版本的系统。

在"系统升级"界面下,按"备忘录"按钮即可进入备忘录编辑界面。

用户在此界面下最多可对 3 个编辑框进行编辑。

通过按下"Tab"按钮可以切换选择当前需要编辑的备忘录,当用户输入信息时文字到达边界处会自动换行,无需手动换行。

每个备忘录最多可支持输入 5 行文字,当用户输入完成后按"确定"按钮保存,此时信息将被自动保存到数控装置中。

12.8.11 用户切换

用"↑""↓""←""→"按钮选择"用户切换",并"回车",即进入"用户切换"界面,如图 12.43 所示。

为更好地保护系统文件和相关文件,GJ 数控装置提供用户权限制度,即将操作者分为普通用户 1、2、3 和系统厂商、机床厂商、服务人员等 6 个权限。

输入系统厂商的密码并确定,则切换到系统厂商,具有系统厂商的权限。同理可切换到普通用户。用户也可以选择修改当前权限的密码,选择"修改密码",在随后弹出的对话框中输入原密码、新密码,并再次确认新密码,即可修改当前权限的密码,如图 12.44 所示。

具体用户权限说明如表 12.3 所示。

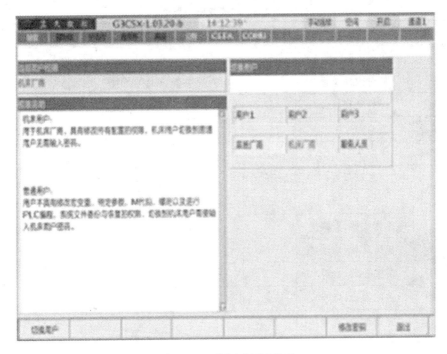

图 12.43　"用户切换"界面

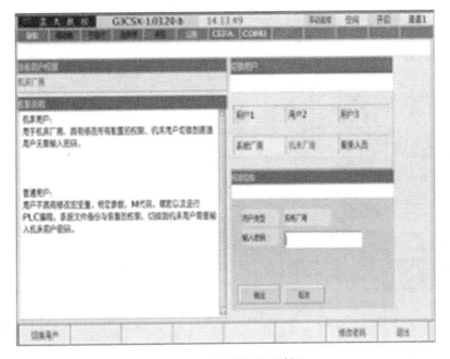

图 12.44　"密码认证"对话框

表 12.3　功能权限对照表

功　能	子　功　能	系统厂商	机床厂商	服务人员	用户 1	用户 2	用户 3
		32	16	8	0x11	0x03	0x01
位置	相对坐标设置	√	√	√	√	√	
自动	打开程序	√	√	√	√	√	
刀具偏置		√	√	√	√	√	
用户原点		√	√	√	√	√	
参数	常规参数	√	√	√	√	√	
	用户参数	√	√	√	√	√	
	机床参数（查看）	√	√	√	√		
	机床参数（修改）	√	√	√			
	主轴参数（查看）	√	√	√		√	
	主轴参数（修改）	√	√	√	√	√	
	驱动参数（查看）	√	√	√			
	驱动参数（修改）	√	√	√			
螺距补偿		√					
程序编辑	工件程序	√	√	√	√	√	
	系统文件	√					
文件操作	USB 设备拷贝	√	√	√	√	√	
	删除	√	√	√	√		
	重命名	√	√	√	√	√	
宏变量		√	√	√	√	√	
备份恢复	本地备份	√	√	√			
	USB 备份	√	√	√	√		
M 代码		√	√	√	√		
软 IO 配置		√	√	√			
软 IO 操作		√	√	√	√	√	
诊断		√	√	√	√	√	√
统计		√	√	√	√	√	

续表

功　能	子　功　能	系统厂商	机床厂商	服务人员	用户 1	用户 2	用户 3
PLC	启停	√	√	√	√		
	调试（状态、梯图、示波器）	√	√	√	√		
	编辑（标题、梯图、符号信息、删除）	√	√	√			
	文件	√	√	√			
	参数	√	√	√			
升级		√	√	√	√		

12.8.12　诊断

用"↑""↓""←""→"按钮选择"诊断"，并"回车"，即进入"诊断"界面，如图 12.45 所示。

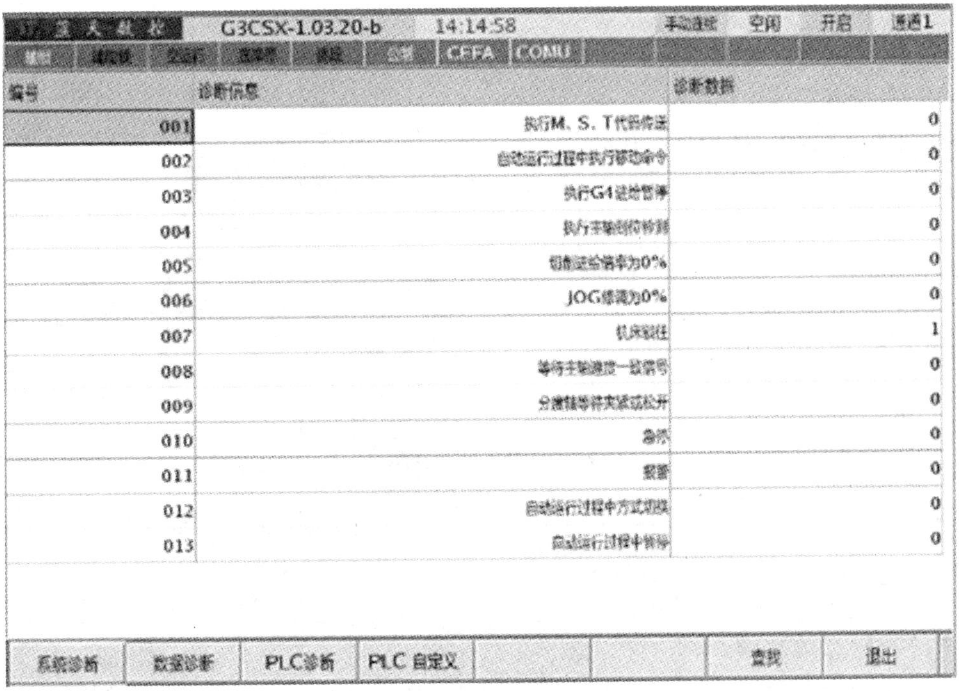

图 12.45　"诊断"界面

诊断功能可提供给用户更直观的系统信息，选择"诊断［L］"并"回车"或直接按键盘上的"L"键，即进入诊断界面。

可以在诊断界面通过按"系统诊断""数据诊断""PLC 诊断""PLC 自定义"等按

钮来选择不同的诊断信息内容。当前具体的诊断信息和数据将会直接显示在界面上。

"系统诊断"：查看数控装置当前的运动状态。

"PLC自定义"：添加或删除自定义的PLC地址的诊断信息。

"提示"：显示提示信息，不可输入。

"添加"：需要添加的PLC地址。格式：字母＋整数位＋小数点＋小数位。例如：X5.7。如果格式不正确，则会报警。长度：PLC地址的长度类型。如果配置为"0：位"，诊断数据显示为"地址"上的二进制数；如果配置为"1：单字节"或"2：双字节"或"3：四字节"，诊断数据显示为以"地址"数据的整数位为起始地址的十进制数。符号位：诊断数据是否有符号。

"删除"：删除当前选中的PLC自定义地址。

"返回"：返回到上级菜单。

"查找"：输入诊断信息编号，即可查找对应的诊断信息。

"退出"：退出到系统配置界面。

12.8.13　统计

用"↑""↓""←""→"按钮选择"统计"，并"回车"，即进入"统计"界面，如图12.46所示。

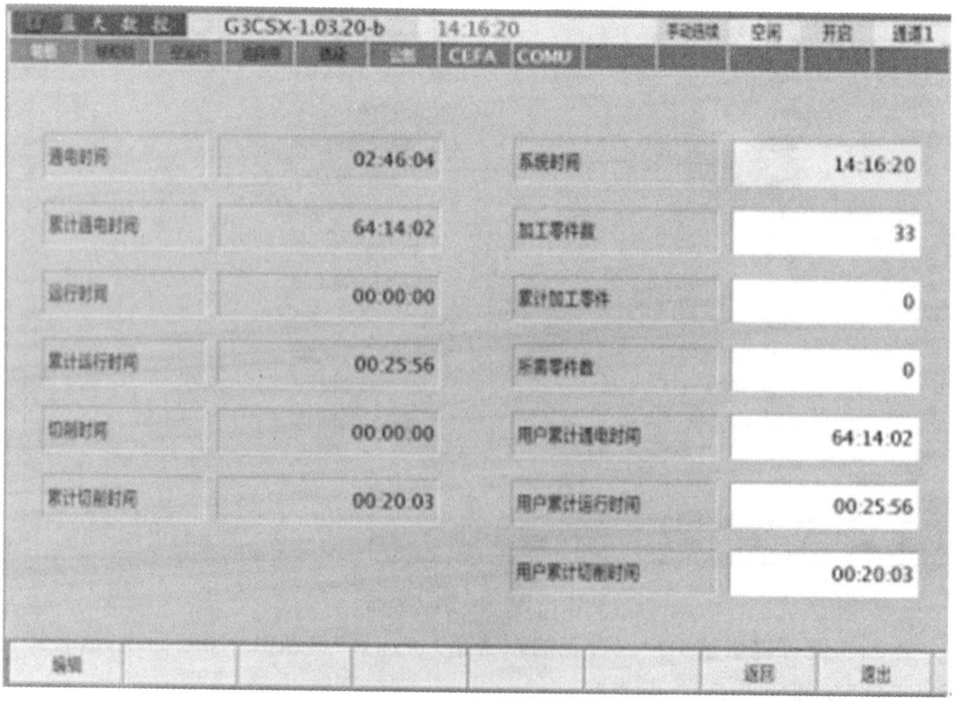

图 12.46　统计功能界面

按"时间统计"按钮,即进入编辑时间统计配置的界面,统计了与系统时间、通电时间、运行时间、切削时间以及零件计数相关的信息,按"编辑"按钮即可修改统计参数。

按下"工作记录"按钮,用于对工件程序的加工完成情况进行记录,包括加工日期、开始时间、加工用时及加工次数,最多记录 20 个工件程序的执行和完成情况(加工记录项)。

在"自动"模式下,每次工件程序执行完成,都会更新工作记录。

如果工件程序在工作记录中已有加工记录,直接更新该工件程序对应的加工日期、开始时间、加工用时及加工次数,并将该加工记录放置于记录表单的最前端。

如果工件程序在工作记录中没有加工记录,则新增一个加工记录项。

如果加工记录项已达到最大数(20),自动覆盖"加工日期"最早的记录项。

工作记录只统计主程序的加工情况,子程序的加工情况不做记录。

12.8.14 帮助

按界面右侧的"帮助"按钮,即可进入"帮助"界面,如图 12.47 所示。

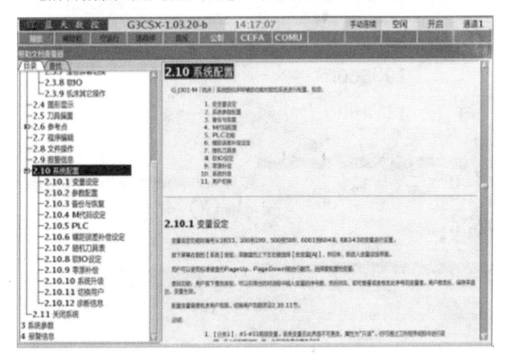

图 12.47 "帮助"界面

帮助界面分为左右两部分。左半部分为目录和查找,右半部分为具体帮助内容。用户可以通过按下"Tab"按钮来切换。

在"目录"下,用户可以用"↑""↓"按钮来选择需要展开或收起的目录,按"回车"

按钮即可实现目录的展开和收起。

在"查找"下,用户可以输入需要查找的内容来进行查找。按"回车"按钮即可跳转到文档中第一次出现查找内容的位置,继续按"回车"按钮可以继续查找。

在具体帮助内容部分,用户可以通过按"↑""↓""PageUp""PageDown"等按钮来对帮助内容上下滚动或翻页。

12.9　系统运行操作功能

12.9.1　手动连续进给

(1) 按控制面板上的■按钮,即进入手动连续进给方式,屏幕上方的加工状态信息显示为手动连续,如图 12.48 所示。

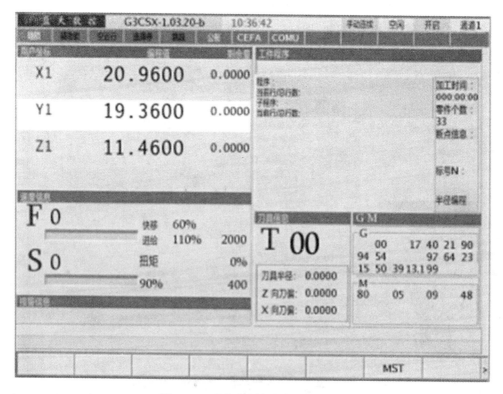

图 12.48　"手动连续进给方式"界面

(2) 按机床操作面板上的■、■、■、■、■或■按钮,选定轴将以用户选择的速度和方向移动,直到松开该按钮。

■ Z轴正向点动

　■ Z 轴负向点动

　■ X 轴正向点动

　■ X 轴负向点动

　■ Y 轴正向点动

　■ Y 轴负向点动

（3）在手动模式状态下点击"MST 功能"按钮,弹出"MST 选择"对话框,首先选择辅助功能指令的类型(M、S 或 T),然后在编辑框输入相应类型的数值。

注:M 和 T 的数值输入范围为大于零的整数,S 的数值输入范围为大于零的浮点数。

12.9.2　手轮进给

在手轮进给方式中,刀具可以通过旋转机床操作面板上的手轮微量移动。控制面板上的"↑""↓"方向按钮可以选择要移动的轴。手轮旋转一个刻度时,刀具移动的最小距离与当前手动增量值相等。

（1）直接按机床操作面板上的 ■ 按钮,即切换到手轮工作方式。如图 12.49 所示。

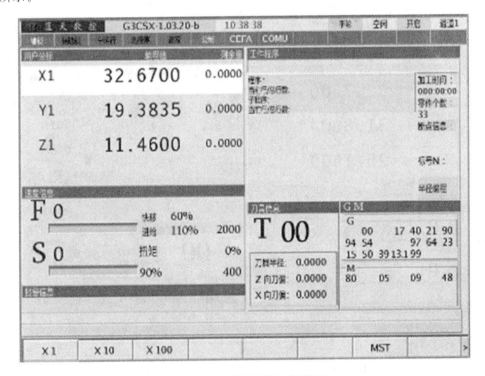

图 12.49　"手轮进给方式"界面

（2）用控制面板上的"↑""↓"来选择需要手轮进给的轴。被选中的轴将用高亮背景表示,然后通过控制面板上的手轮倍率按钮来控制手轮进给的倍率。

对应的倍率说明如下。

X0.001:手轮每转动一刻度,对应轴移动 0.001 mm。

X0.01:手轮每转动一刻度,对应轴移动 0.01 mm。

X0.1:手轮每转动一刻度,对应轴移动 0.1 mm。

(3)沿顺时针方向或逆时针方向转动手轮,使选定的轴向正、负方向移动。

(4)在手轮模式状态下点击"MST 功能"按钮,弹出"MST 选择"对话框,先选择辅助指令的类型(M、S 或 T),然后在编辑框输入相应类型的数值。

注:M 和 T 的数值输入范围为大于零的整数,S 的数值输入范围为大于零的浮点数。

手轮操作可以与自动运行方式中的移动叠加。手轮中断是通过旋转手摇脉冲发生器实现的,通过数控装置与 PLC 接口信号 G79 启动。手轮中断移动的距离是通过手摇脉冲发生器的旋转角度和手轮进给放大倍率(×0.001,×0.01…)决定的。当机床在自动运行中被锁住时,手轮中断是无效的。

12.9.3　轴回零

一旦将数控机床的电源断掉,并重新给数控机床通电,必须将轴回零。

(1)按控制面板上的 按钮,"轴回零"界面如图 12.50 所示。

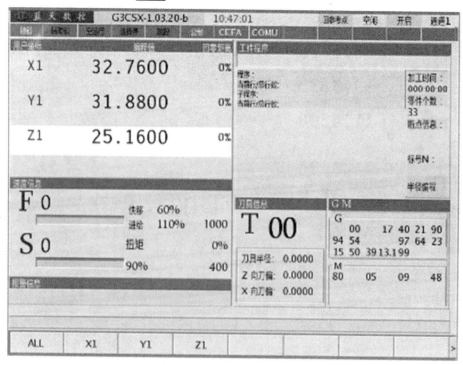

图 12.50　"轴回零"界面

（2）按要回零的轴的相应按钮,相应的轴回零;也可以直接按"ALL"按钮,所有轴直接全部回零。

（3）回零完成后的显示如图 12.51 所示(已回零的轴后面有已回零标志)。

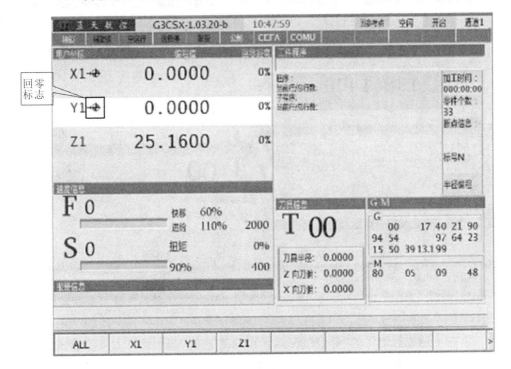

图 12.51　轴回零标志

12.9.4　MDI 运行

在 MDI 方式中,通过 MDI 输入可以编制一行简单的程序并被执行。程序格式和通常程序一样。MDI 运行适用于简单的测试操作。

将工作方式切换到 MDI(即按控制面板上的 按钮),界面显示如图 12.52所示。

（1）输入 MDI 指令。输入完成后,可以按"回车"按钮保存输入指令到 MDI 指令备用列表。

（2）按"MDI 保存"按钮,在弹出的对话框输入需要保存的文件名字,就可以保存当前的 MDI 指令到一个文件。

（3）按"MDI 清空"按钮,可以清除当前的 MDI 指令。

（4）按"↑""↓"按钮,可以选择 MDI 指令备用列表中的某一行指令。

（5）按下"删除单行"按钮,可以删除当前行的指令。

（6）MDI 指令可以在"单步"或"连续"模式下运行。

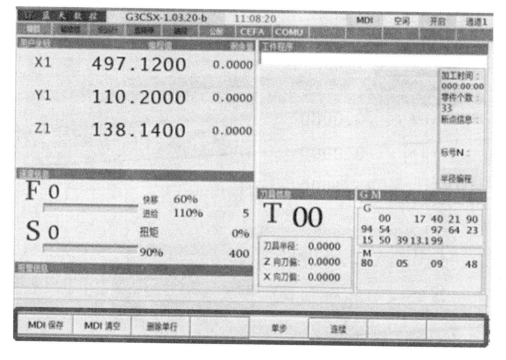

图 12.52 "MDI"界面

① 按下功能软键区的"单步"按钮,即可切换当前 MDI 模式为单步模式。在此模式下按绿色的 按钮,可以执行当前文本输入行的指令。

② 按"连续"按钮,即可切换当前 MDI 模式为连续模式。在此模式下,按绿色的 按钮,可以执行保存在 MDI 指令备用列表里的全部指令。

(7) 在大坐标屏、多坐标屏、图形屏中,均可进行 MDI 操作。

中途停止或结束 MDI 操作的步骤如下。

(1) 暂停 MDI 操作:按下操作面板上的"进给保持"按钮,"进给保持"指示灯亮,"循环启动"指示灯熄灭;此时机床响应如下。

① 当机床在运动时,进给运动减速停止。

② 当执行 M、S 或 T 指令时,在 M、S 和 T 所执行的操作完毕后运行停止。

③ 非直线插补 G0 在保持中不停止。

(2) 结束 MDI 操作,按控制面板上的 按钮即可。

12.9.5 自动运行

自动运行的步骤如下。

(1) 按操作面板上的 按钮,即进入"自动运行"方式,如图 12.53 所示。

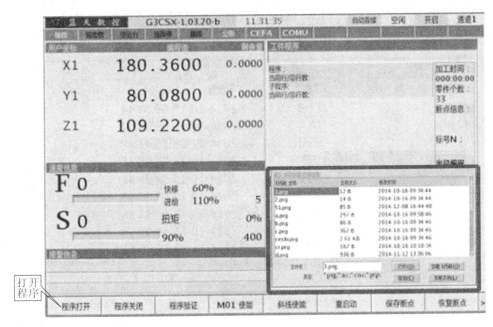

图 12.53 自动连续方式——打开文件

（2）选择一个工件程序：按"程序打开"按钮，工件程序选择窗口，如图 12.54
所示。

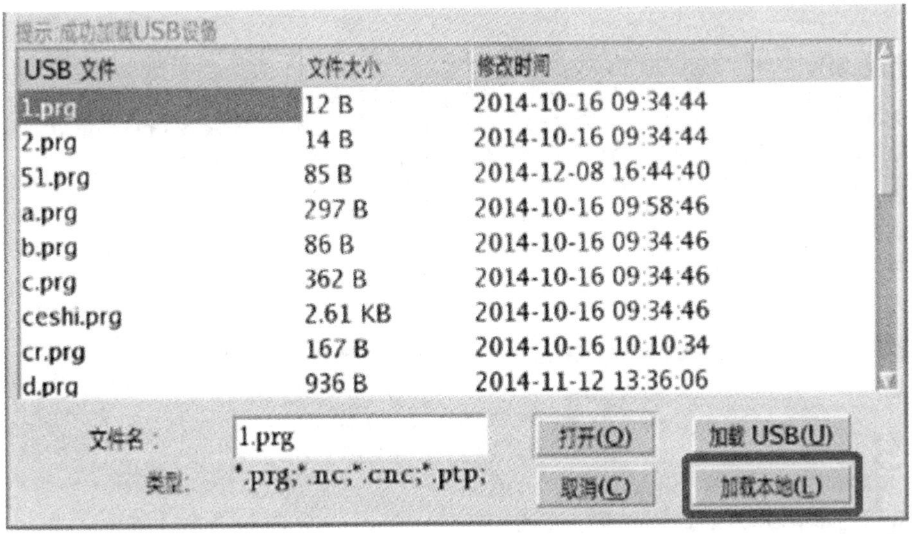

USB 文件	文件大小	修改时间
1.prg	12 B	2014-10-16 09:34:44
2.prg	14 B	2014-10-16 09:34:44
51.prg	85 B	2014-12-08 16:44:40
a.prg	297 B	2014-10-16 09:58:46
b.prg	86 B	2014-10-16 09:34:46
c.prg	362 B	2014-10-16 09:34:46
ceshi.prg	2.61 KB	2014-10-16 09:34:46
cr.prg	167 B	2014-10-16 10:10:34
d.prg	936 B	2014-11-12 13:36:06

文件名： 1.prg   打开(O)   加载 USB(U)

类型： *.prg;*.nc;*.cnc;*.ptp;   取消(C)   加载本地(L)

图 12.54 自动连续方式——选择本地工件程序

GJ 数控装置提供用户 USB 接口，因此用户可以方便地使用 USB 设备来存储工
件程序，只需将 USB 设备插入 GJ 数控装置面板上的 USB 接口中，在选择工件程序
时选择 USB 设备，数控装置即自动挂载用户的 USB 设备。用"Tab"按钮将焦点移

动到"USB 设备"按钮上并"回车",数控装置将自动挂载 USB 设备,其状态将显示在图窗口的上部,如图 12.55 所示。

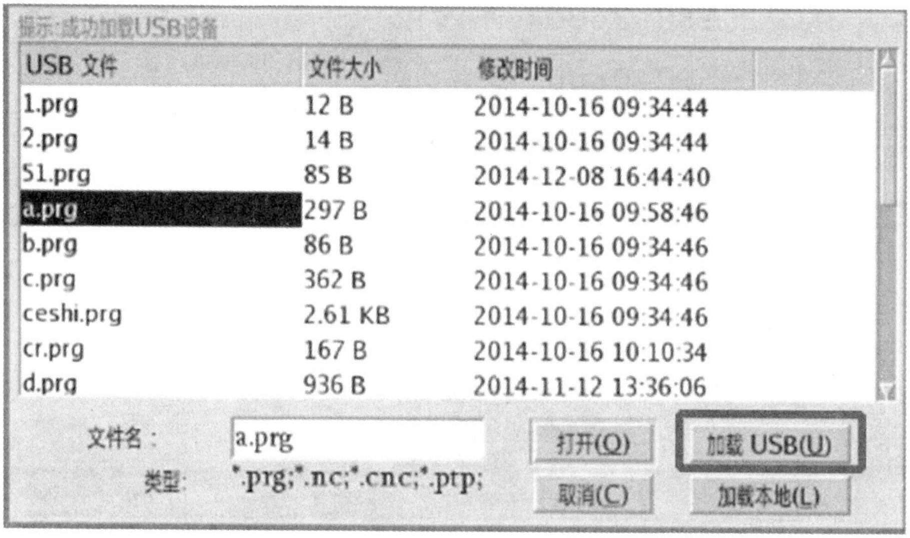

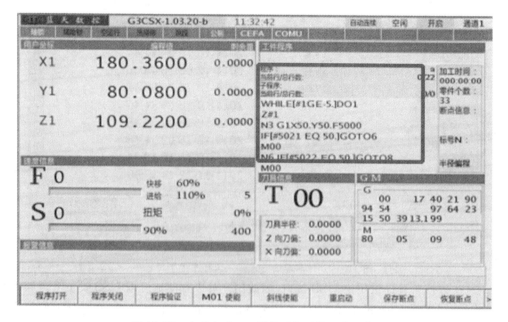

图 12.55　自动连续方式——选择 USB 工件文件

（3）选择好要运行的工件程序,用"Tab"按钮将焦点移到"打开"按钮上,并按操作面板上的"回车"按钮,所选的工件程序内容将显示在屏幕的工件程序显示区,如图 12.56所示。

图 12.56　自动方式——显示已打开的工件程序

（4）按操作面板上的 ▮▮ 按钮，启动"自动运行"并且"循环启动"指示灯闪亮，工件程序开始运行。当前执行的程序行被高亮显示。当自动运行结束时，指示灯熄灭。

12.9.6　程序验证

在运行某个程序之前，可以用程序验证功能对工件程序进行验证，以避免由于程序编辑错误而引起的加工问题。

程序验证的步骤如下。

按"程序验证"按钮，数控装置将自动对已经打开的工件程序进行验证，如果程序有错误，将在错误信息提示栏中以红色文字提示用户，如图 12.57 所示。

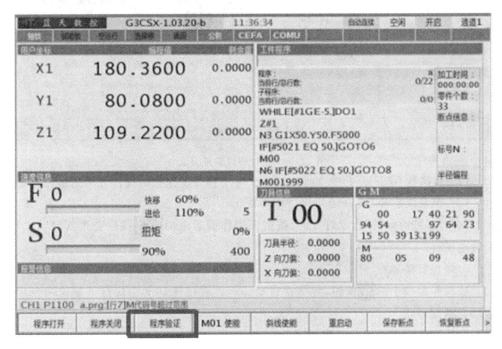

图 12.57　"程序验证"界面

如果工件程序验证无误，数控装置将提示：程序验证完成！此时用户可以进行工件程序的运行，如图 12.58 所示。

12.9.7　暂停或取消自动运行

1.暂停自动运行

按机床操作面板上的 ▣ 按钮，红色的"进给保持"指示灯亮，绿色的"循环启动"指示灯熄灭。

机床响应如下。

（1）当轴移动时进给运动减速停止。

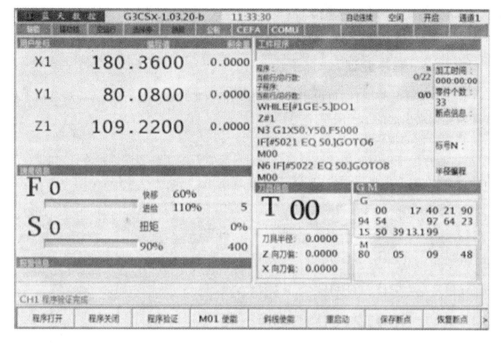

图 12.58　工件程序验证完成

（2）当执行 M、S 或 T 指令时，在 M、S 或 T 指令所执行的操作完毕后运行停止。

（3）非直线插补 G0 在进给保持中不停止。

（4）当"进给保持"指示灯亮时，按机床操作面板上的 ▆ 按钮会重新启动机床的自动运行。

2.终止自动运行

按操作面板上的 ▟ 按钮，将终止自动运行。在机床运动中执行了复位命令后，运动会减速停止。

停止和结束自动运行步骤如下。

（1）指定停止方法，如 M00（程序停止）、M01（选择停止）和 M02 与 M30（程序结束）。

（2）按钮停止方法，按下红色的 ▣ 按钮，或者按下控制面板上的 ▟ 按钮。

① 程序停止（M00）。自动运行在执行包含有 M00 指令的段后停止。当程序停止后，所有存在的模态信息保持不变。与单步运行一样，按 ▆ 按钮后，继续自动运行。由于机床不同，操作可能不一样，请见机床制造厂商的说明书。

② 选择停止（M01）。与 M00 类似，自动运行时在执行了含有 M01 指令的程序段后，也会停止。这个指令仅在选择停止开关处于开启的状态时有效。

③ 程序结束（M02、M30）。当读到 M02 或者 M30（在主程序结束时使用）时，自动运行结束并且进入复位状态。

④ 进给保持。在自动运行时，当操作面板上的保持进给 ▣ 按钮被按下时，运

动会减速停止。非直线插补 G0 在保持中不停止。

12.9.8　M01 使能

M01 是条件暂停开关,仅用于自动运行方式下,也称为"选择停"开关。当 M01 使能被选中,则当工件程序遇到 M01 时会暂停,否则无效。

(1) 在自动操作方式界面下方,按"M01 使能"按钮,此时位于界面上方的"M01 使能"字体变为白色,机床操作面板上的 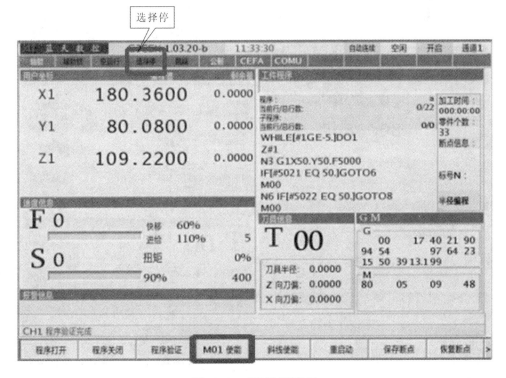 按钮指示灯亮,M01 使能有效;再按一次,则取消 M01 使能,位于界面上方的"M01 使能"字体变为黑色,机床操作面板上的 按钮指示灯灭。如图 12.59 所示。

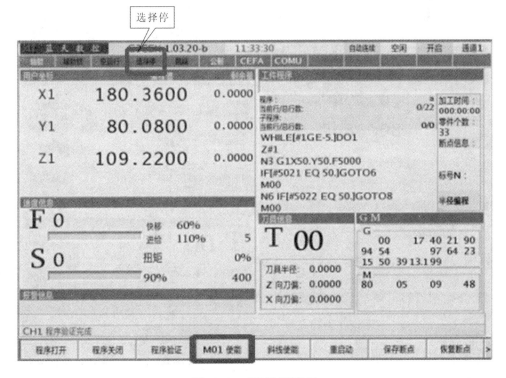

图 12.59　"选择停"界面

(2) 直接按机床操作面板上的 按钮,此时位于界面上方的"M01 使能"字体变为白色,机床操作面板上的 按钮指示灯亮,M01 使能有效;再按一次,则取消 M01 使能,位于界面上方的"M01 使能"字体变为黑色,机床操作面板上的 按钮指示灯灭。

12.9.9　斜线使能

"斜线使能"用来在执行程序时跳过指定的一行程序不执行。"斜线使能"仅用于自动方式下。也称为程序跳段。

当在工件程序的某一行之前加入"/"时,若此时斜线使能处于开启状态,则在执行该程序时,这一行将被跳过,不予执行。否则,即使在程序中有"/",该行将照常执行。

斜线使能切换步骤如下。

(1) 在自动操作方式界面下方,按"斜线使能"按钮;此时位于界面上方的"斜线使能"字体变为白色,机床操作面板上的 ⊘ 按钮指示灯亮,斜线使能有效;再按一次,则斜线使能无效,位于界面上方的"斜线使能"字体变为黑色,机床操作面板上的 ⊘ 按钮指示灯灭。如图 12.60 所示。

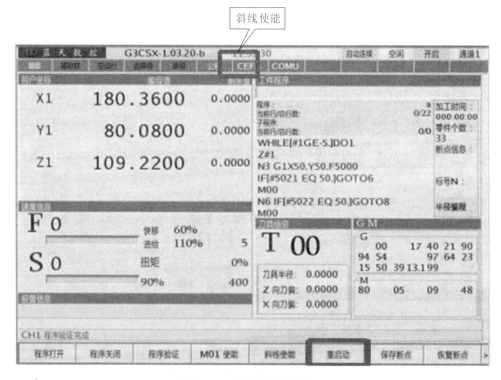

图 12.60 "斜线使能"界面

(2) 直接按机床操作面板上的 ⊘ 按钮,此时位于界面上方的"斜线使能"字体变为白色,机床操作面板上的 ⊘ 按钮指示灯亮,斜线使能有效;再按一次,则斜线使能无效,位于界面上方的"斜线使能"字体变为黑色,机床操作面板上的 ⊘ 按钮指示灯灭。

12.9.10　重启动

重启动用于设置工件程序开始加工的代码行(见图 12.61),分为按标号、按行号和按字符重启动三种方式(见图 12.62)。

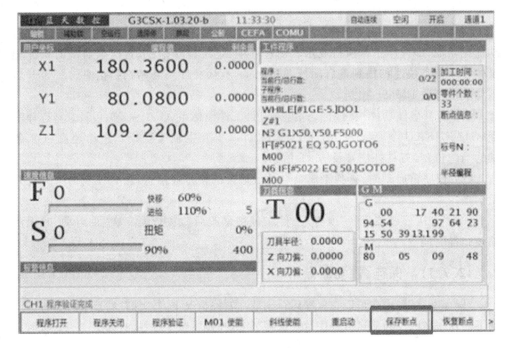

图 12.61 "重启动"界面

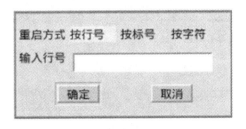

图 12.62 重启动方式选择对话框

（1）按标号：在程序中指定以"N"开头的标号，如 N20，若用户在运行该程序时希望在该标号处开始执行，则选择"标号"，输入想要开始的标号，如"20"，确定，然后执行程序即可。

（2）按行号：当用户希望工件程序从某一行开始运行时，选择"行号"，可以在此直接输入行号，如"58"，确定，然后执行程序，程序会自动跳到第 58 行开始执行。

（3）按字符：根据指令关键字符来搜索定位。例如：某行指令为 N5 G1 X100 F1000，输入"G1"或"X100"或"F1000"，均可检索到该行。

1. 重启动时可通过参数选择恢复 M、S、T 辅助指令

当 PM652＝0 时，重启动时不恢复 M、S、T 辅助指令；当 PM652＝1 时，重启动时恢复 M、S、T 辅助指令；恢复 M 辅助指令时：① 根据 M 指令分组，每组只恢复最后指令的一个 M 指令；② 最多恢复 4 组 M 指令且恢复最后指定的 4 组。

2.重启动优化功能

当程序较大（万行以上）时，为了缩短重启动扫描时间，GJ数控装置提供了重启动优化功能，即程序正常执行或重启动过程中，记录程序信息，再次重启动时根据记录的程序信息快速扫描到重启动行进行加工，不从文件头开始扫描信息。是否开启该功能由参数PM696控制。

（1）若开启该功能，文件记录信息包括：工件坐标系（G54～G59/G54.1），选择平面（G17、G18、G19）、运动模式（G0、G1、G2、G3等）、主轴速度（S）、进给速度（F）、各轴的当前位置、刀具补偿号及M/T信息。

（2）程序重启动时，查找距离重启动行最近的整万行信息，从查找到的整万行开始扫描。

（3）"未执行过该程序"或者"工件文件被修改后"，进行第一次"重启动"时无法缩短扫描时间。

12.9.11　保存、恢复断点

"保存断点"。用户可以在程序运行中或在暂停情况下，按"保存断点"按钮，将当前加工的程序名以及当前运行程序行号保存下来，并显示在系统界面，如图12.63所示。

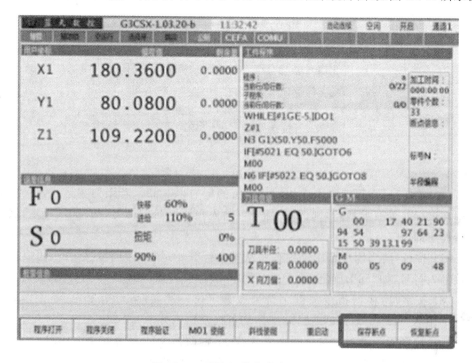

图12.63　"保存、恢复断点"界面

"断点恢复"：恢复上一次保存程序的断点信息，自动打开程序，光标显示到断点行号处，按"循环启动"按钮执行。执行方式类似于"重启动"的按行号重启功能。

12.9.12 系统复位

复位功能停止轴的运动,还可以通过 PLC 逻辑的设置停止主轴的转动,停止外部机床设备的运行。将 GJ 数控装置缓冲区的全部信息清空,恢复 G 指令到通电状态。

按下操作面板上的 ⚡ 按钮,数控系统复位。

12.10 机床其他操作

12.10.1 轴锁住

轴锁住(机床锁住)功能开启时,机床轴不移动,但编程位置坐标的显示和机床运动时一样,并且 M、S、T 指令都能执行。此功能用于工件程序校验,如图 12.64 所示。

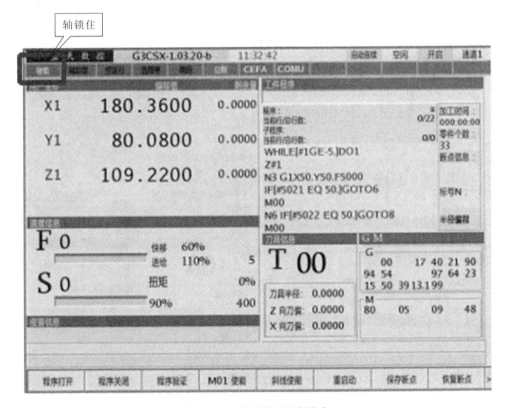

图 12.64 "轴锁住"开启状态

轴锁住切换步骤如下。

(1) 按机床操作面板上的 ⏩ 按钮,此时位于界面上方的"轴锁住"字体变为白色,机床操作面板上的 按钮指示灯亮,轴锁住有效;再按一次,则轴锁住无效,位于界面上方的"轴锁住"字体变为黑色,机床操作面板上的 按钮指示灯灭。

（2）在位置界面下按扩展功能按钮 ⟨▸⟩,并按"操作"按钮,此时界面下方按钮如下所示。

轴锁住	辅助锁住	空运行	米/英制	坐标切换	坐标重置		返回	<<

按"轴锁住"按钮,此时位于界面上方的"轴锁住"字体变为白色,机床操作面板上的 按钮指示灯亮,轴锁住有效;再按一次,则轴锁住无效,位于界面上方的"轴锁住"字体变为黑色,机床操作面板上的 按钮指示灯灭。

12.10.2　辅助锁住

机床辅助锁住功能开启时,M、S、T 指令不执行,与轴锁住功能配合使用,用于程序校验,如图 12.65 所示。

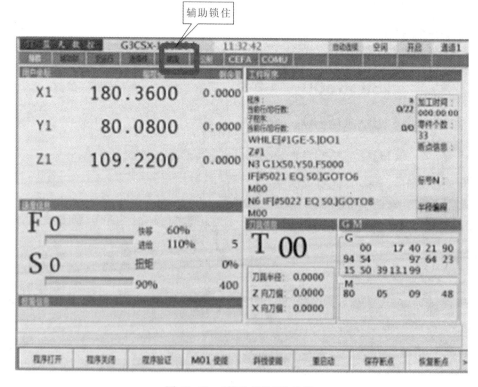

图 12.65　"辅助锁住"状态栏

开启辅助锁住步骤如下。

（1）在位置界面下按扩展功能按钮 ⟨▸⟩,并按"操作"按钮;此时界面下方按钮如下所示。

轴锁住	辅助锁住	空运行	米/英制	坐标切换	坐标重置		返回	<<

（2）按下"辅助锁住"按钮，此时位于界面上方的"辅助锁住"字体变为白色，辅助锁住有效；再按一次，则辅助锁住无效，位于界面上方的"辅助锁住"字体变为黑色。

12.10.3　空运行

在自动运行方式下，开启空运行功能，不管工件程序中如何指定进给速度，都以固定的空运行速度来运行。空运行速度的可在参数设置中给定，如图 12.66 所示。

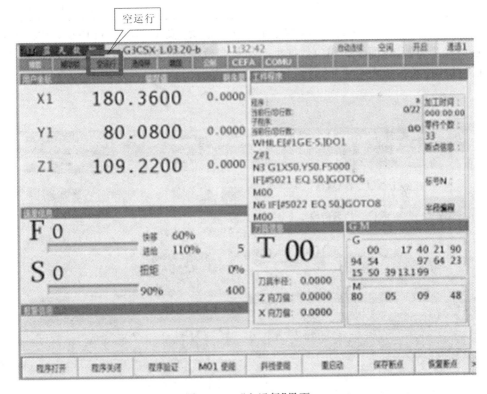

图 12.66　"空运行"界面

空运行切换步骤如下。

（1）按机床操作面板上的 按钮，此时位于界面上方的"空运行"字体变为白色，机床操作面板上的 按钮指示灯亮，空运行有效；再按一次，则空运行无效，位于界面上方的"空运行"字体变为黑色，机床操作面板上的 按钮指示灯灭。

（2）在位置状态下按扩展功能按钮 ，并按"操作"按钮，此时界面下方按钮如下所示。

轴锁住	辅助锁住	空运行	米/英制	坐标切换	坐标重置		返回	<<

按"空运行"按钮,此时位于界面上方的"空运行"字体变为白色,机床操作面板上的"空运行"按钮指示灯亮,空运行有效;再按一次,则空运行无效,位于界面上方的"空运行"字体变为黑色,机床操作面板上的"空运行"按钮指示灯灭。

12.10.4　米/英制切换

米/英制切换步骤如下。

（1）在位置状态下按扩展功能键 ⟨▷⟩ ,并按"操作"按钮,此时界面下方的按钮如下所示。

轴锁住	辅助锁住	空运行	米/英制	坐标切换	坐标重置		返回	<<

（2）按"米/英制"按钮,此时位于界面上方的米/英制标志进行切换,如原为米制,则变为英制,界面上的相应数据也变为英制数据;再次按该按钮,则变回米制,界面上的相应数据也变为米制数据,如图 12.67 所示。

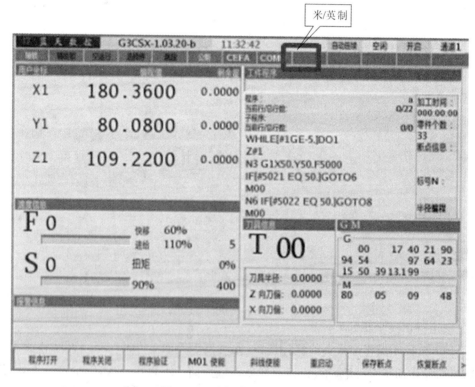

图 12.67　"米/英制"切换界面

12.10.5　坐标切换

在位置状态下按扩展功能按钮 ⟨▷⟩ ,并按"操作"按钮,此时界面下方的按钮如下所示。

| 轴锁住 | 辅助锁住 | 空运行 | 米/英制 | 坐标切换 | 坐标重置 | 零件数 | 返回 | |

按"坐标切换"按钮,可以实现在用户坐标、相对坐标、机床坐标之间的切换。

12.10.6　坐标重置

在位置状态下按扩展功能按钮 ◁▷ ,并按"操作"按钮,此时界面下方的按钮如下所示。

| 轴锁住 | 辅助锁住 | 空运行 | 米/英制 | 坐标切换 | 坐标重置 | 零件数 | 返回 | |

按"坐标重置"按钮,可以在弹出的对话框内输入坐标值,并设定当前位置为此坐标值。

12.10.7　零件数

在位置状态下按扩展功能按钮 ◁▷ ,并按"零件数"按钮,此时界面下方的按钮如下所示。

| 轴锁住 | 辅助锁住 | 空运行 | 米/英制 | 坐标切换 | 坐标重置 | 零件数 | 返回 | |

零件数是一个统计数据,用于统计加工的零件个数。在执行配置了工件计数位的 M 指令时增 1,用户可以手动进行重置,如图 12.68 所示。

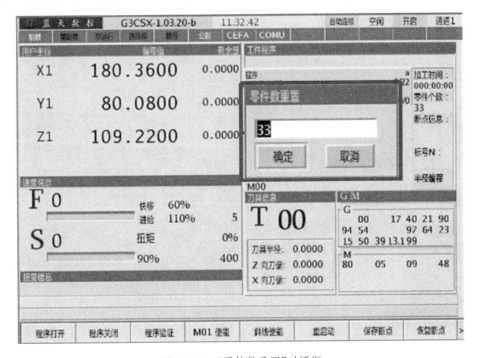

图 12.68　"零件数重置"对话框

12.10.8　主轴倍率修调

通过控制面板上的主轴倍率修调旋钮 ，可以修改主轴旋转状态下的旋转速度。

12.10.9　进给倍率修调

通过控制面板上的进给倍率修调旋钮 ，可以修改进给状态下的进给速度。

参 考 文 献

[1] 彼得·斯密德.FANUC 数控系统用户宏程序与编程技巧[M].罗学科,赵玉侠,刘瑛,译.北京:化学工业出版社,2007.

[2] 吕斌杰,蒋志强,高长银,等.SIEMENS 系统数控铣床和加工中心培训教程[M].北京:化学工业出版社,2013.

[3] 陈海舟.数控铣削加工宏程序及应用实例[M].2 版.北京:机械工业出版社,2008.

[4] 于久清.数控车床/加工中心编程方法、技巧与实例[M].北京:机械工业出版社,2008.

[5] 韩鸿鸾,邹玉杰.数控车工全技师培训教程[M].北京:化学工业出版社,2009.

[6] 张璐青.数控编程与操作实训课题(数控车床中级模块)[M].北京:中国劳动社保保障出版社,2010.

[7] 周兰.数控车削编程与加工[M].北京:机械工业出版社,2010.

[8] 杨刚.数控铣及加工中心编程[M].重庆:重庆大学出版社,2007.

[9] 霍苏萍,刘岩.数控铣削加工工艺编程与操作[M].北京:人民邮电出版社,2009.